Nature Lessons Around You

身边的自然课

[日]花福小猿 著　　李翘楚 译

——认识常见的100种植物

江苏人民出版社

图书在版编目(CIP)数据

身边的自然课:认识常见的100种植物/(日)花福小猿著. -- 南京:江苏人民出版社,2020.4
ISBN 978-7-214-13229-1

Ⅰ.①身… Ⅱ.①花… Ⅲ.①植物-图集 Ⅳ.①Q94-64

中国版本图书馆CIP数据核字(2020)第003838号

书　　名	身边的自然课——认识常见的100种植物
著　　者	[日]花福小猿
译　　者	李翘楚
项目策划	杜玉华
责任编辑	刘　焱
特约编辑	杜玉华
美术编辑	李　迎
出版发行	江苏人民出版社
出版社地址	南京市湖南路A楼，邮编：210009
出版社网址	http://www.jspph.com
印　　刷	北京博海升彩色印刷有限公司
开　　本	710 mm×1 000 mm　1/16
印　　张	13
版　　次	2020年4月第1版　2020年4月第1次印刷
标准书号	ISBN 978-7-214-13229-1
定　　价	69.80元

本书的使用方法

本书记录的植物多是身边常见的品种，共计 100 种，大致分为 3 大类别——山野花草、园艺花草及树木。

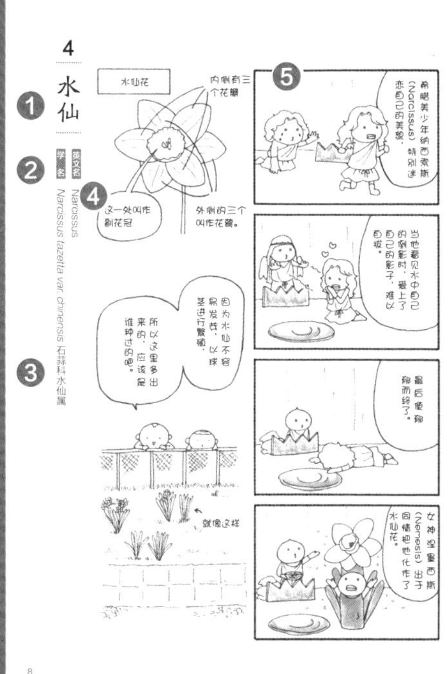

品种多样的水仙。

8 水仙是石蒜科的多年生草本植物。经历严冬后的水仙花，会在春天绽放，到了夏季，地上的部分便会干枯。在水仙花品种中，有许多香气馥郁的类型，都十分适合园艺，譬如说喇叭水仙、重瓣水仙等。现在在市面上，也出现了在秋季栽培的水仙品种，以及年末至早春期间开花的插花品种，当然也有盆栽的品种。尤其是在新年开放的水仙，是目前市场上的超人气品种。因为水仙的种子很难育成，所以等待水仙发芽的话，比较耗费时间，一般大家都是用分割球茎的方式繁育水仙。这种方式，据日本的典籍记载，是大约从镰仓时代就开始用于插花、花道的一种繁育水仙的方法。而比较温暖的海岸沿线，是比较适合水仙生长的环境，所以在日本，譬如福井县的越前海岸等，都是出产水仙花的名地。

水仙花的绽放代表春天的到来，因此在欧洲也极受欢迎，譬如英国，就将水仙花作为格洛斯特郡郡花。另外不得不说的是，在欧洲，大家所说的水仙花，多数指的是喇叭水仙。诗人华兹华斯所写的诗歌《水仙》，描述的也是喇叭水仙的样子。而水仙的学名音译纳西索斯，便是由希腊神话当中，死后化身做水仙花的美男子的名字“Narcissus ”演化而来的（可以参考漫画）。

9 山野花草 9

❶ 中文名称

❷ 学名

全世界通用的植物名称。学名标记中，subsp.（Subspecies）为亚种（也可缩写为 SSP）、var.（Varietas 的缩写）为变种、f.（Forma 的缩写）为品种。

❸ 分类

标记植物所属的科目、属类。

❹ 英文名

标记植物的主要英文名称。

❺ 漫画

介绍作者日常生活中，辨别植物的方式、植物授粉的构造等内容。此外，还含有一些培育植物的关键点、盆栽植物的市面销售时期等超级实用的信息。

❻ 主要图片

大致介绍植物的全貌和细节等状况。

❼ 细节图片

呈现主要图片中无法辨别的部位，以及其他的品种等内容。

❽ 解说文字

对植物的生长环境、开花的时期、食用方法以及与该植物有关的典籍、诗歌等，进行简要的解说。希望您能通过这本书，轻轻松松地了解和享受身边植物的魅力。

❾ 页脚

按照山野花草、园艺花草、树木，大致分为三类，并以三种不同的颜色进行区分。

各位朋友们好，初次见面，我是花店老板兼漫画家，花福小猿。
我和我的伙伴，在东京一起经营着一家花店。
花福

还有一些从左邻右舍的墙里长来的树木，其实它们都有着有趣的故事呢。

你在散步的途中，一定邂逅过经常看到，但是不知姓甚名谁的花花草草吧？

闲话少叙，我们快快进入花草的世界吧！

无论是此前你经常遇到的，
咦？哦~
还是全新的发现，都值得我们去研究哦。

这本书里，记载着很多花草树木的信息。
——认识常见的100种植物
一定要查查看哦！

目录

园艺花草

树木

出场人物介绍

花福小猿

“花福花店”的老板兼漫画家，和花店店长一同经营着花店，并为本书的作者。

店长

“花福”花店的店长，是小猿花草方面的老师。

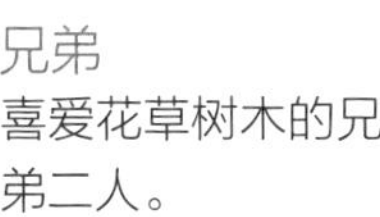

直角

小猿家的已故宠物猫咪，享年 19 岁。是本书的特邀角色。

兄弟

喜爱花草树木的兄弟二人。

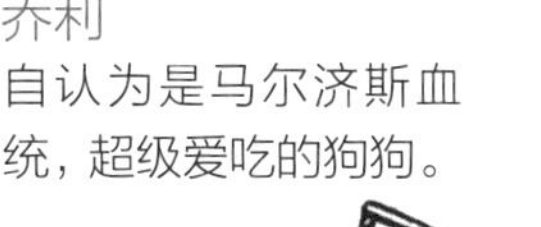

霹妖酱

喜欢花朵和果实的小鸡仔。

乔利

自认为是马尔济斯血统，超级爱吃的狗狗。

河童

住在洗足池，嗜酒。

天狗

河童的朋友，同样住在洗足池。

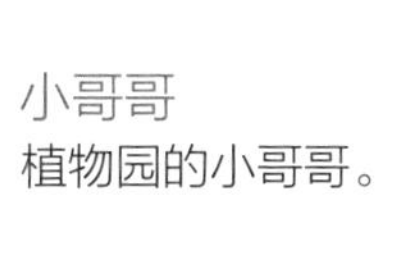

小哥哥

植物园的小哥哥。

1 繁缕

英文名 Chickweed

学名 *Stellaria media* 石竹科繁缕属

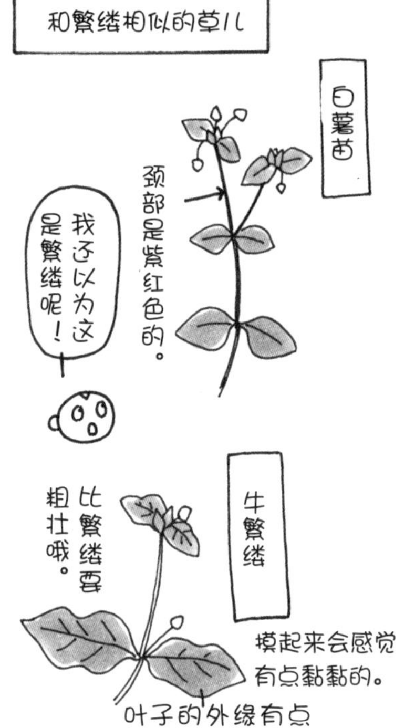

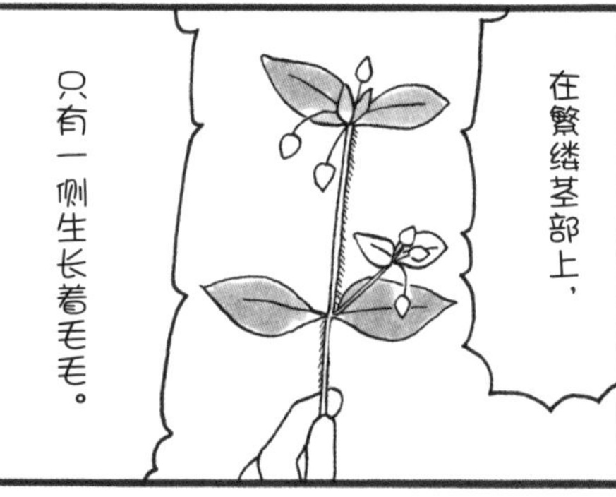

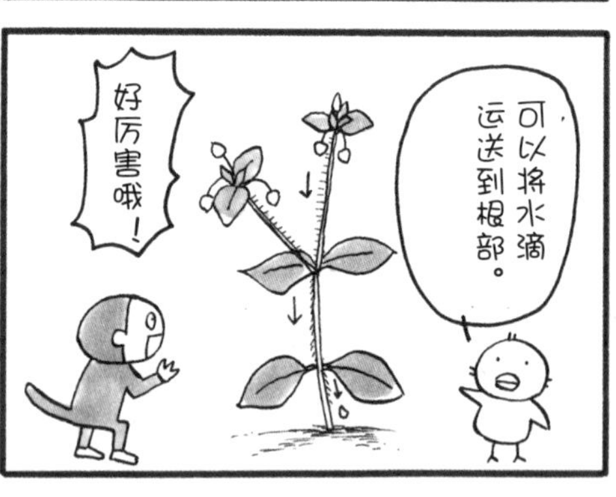

茎部呈紫红色，是白薯苗的标志。绿色的是繁缕。

茎部生长着茸毛

繁缕，在中国大部分地区均有分布，可供药用，还是鸟儿非常喜爱的食物。在我小的时候，经常会给朋友家的小鹦鹉摘取一些繁缕。那时候，我想“繁缕的茎部有绿色的，也有紫色的呀”。后来，通过对多本植物图鉴进行查阅比对后才发现，原来绿色茎部的植物，才是有着“春季七草”之称的“绿色繁缕”。而紫红色花茎的，其实是“白薯苗”，这是完全不同的两种植物，不查阅对比还真是不晓得呢。在用繁缕烹饪七草粥的时候，入粥前建议先用清水焯煮一下，这样会去掉植物的青草苦涩味道，口感和口味都会更加柔和。

2 荠

英文名 Shepherd's Purse

学名 *Capsella bursa-pastoris* 十字花科荠属

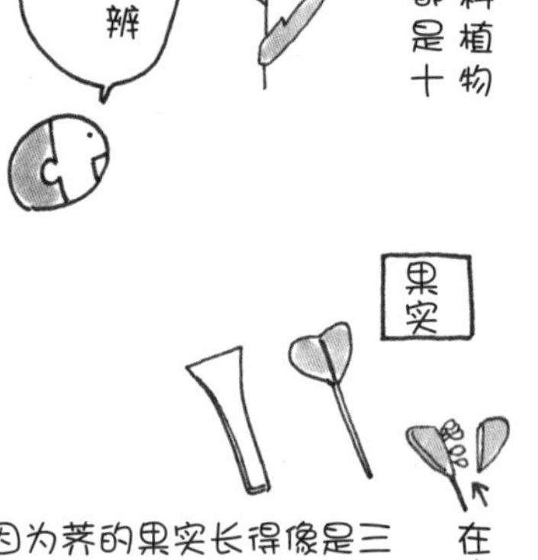

因为荠的果实长得像是三味弦的拨子，所以在日本，荠也有“拨拨草”的昵称。

拿着果实哗啦啦地摇晃的话，荠会发出哗啦哗啦的声音呢。

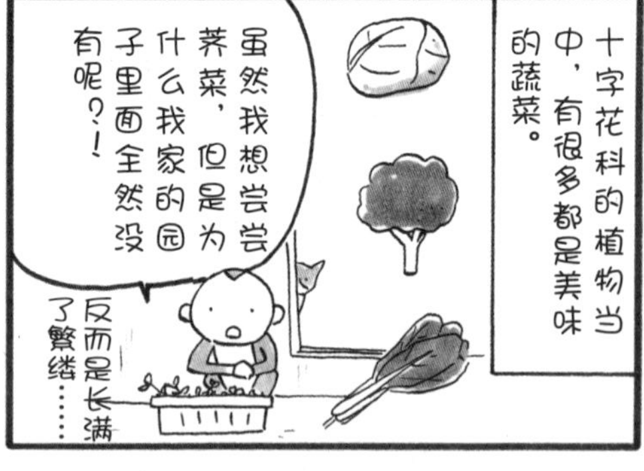

荠的心形果实成熟后会破裂开来，里面的种子散落在地上，附近的荠就会越来越多。

荠属于十字花科跨年型草本植物。在日本全国都有分布，是比较常见的植物。在日本的秋季，荠会生出玫瑰花状的芽，然后跨越一个冬天，到了早春时节，荠的花朵会比其他的早春野草，譬如宝盖草、长荚罂粟等的花朵更先绽放。如果你觉得这样常见的植物，会很容易拍到好看的照片的话，那就大错特错了。我在为本书拍摄荠的照片时，可是吃了不少苦头呢，因为只要天气变暖一点，荠的花就会马上变少。荠也是“早春七草”当中的一种，因为其独特的风味，还是非常好吃的野菜，很受大家的欢迎。但是我们家附近，荠都生长在了狗狗散步的路线上，所以也不好随意挖出来解决一己口欲。如果能像松尾芭蕉先生讲的那样“细眼瞧，荠花绽放在墙角”就好了。

3 侧金盏花

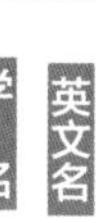

英文名 Amur Adonis

学名 *Adonis amurensis* 毛茛科侧金盏花属

侧金盏花的花朵，在温暖的时候打开。

在寒冷的时候关闭。

因此，侧金盏花花开的时候，就证明天气暖和了。

好暖和！慢慢享受吧！

快点去授粉！

在日本的江户时代，侧金盏花作为大受欢迎的植物出现在很多园艺植物类的风俗画作品当中。

侧金盏花是有毒的。

而且和款冬花长得相像，所以一定要小心区别哦。

侧金盏花

款冬花

花福花店笔记

这是新年贺岁用的侧金盏花盆栽

是为了可以令其早些开花而进行的特殊栽培，

真正的开花时间是2月份左右。

※注：日本的新年指的是阳历1月1日至1月3日。

侧金盏花的花，能感应温度，根据温度高低而打开或闭合。

阴天的时候，侧金盏花的花便容易闭合上。

侧金盏花是毛茛科侧金盏花属的多年生草本植物。相比较其他花草而言，侧金盏花更喜欢冷一些的地方。侧金盏花的花语是“幸福”“长寿”。一般来说，侧金盏花会在日本农历的新年绽放，因此在日本又被叫作“初一草”。作为具有祝福新年意味的花卉，侧金盏花自日本的江户时代起就特别受民众的喜爱，可谓超人气型古典园艺植物。在植物中，日本人习惯将那些早春时节绽放花朵，夏季枯萎，而度过冬季严寒后再度绽放的植物，称为“春之植物”或者“春之精灵”，侧金盏花可谓是这类植物当中的翘楚了。另外侧金盏花具有毒性，且长得与款冬花相似，所以千万注意不要误食。

4 水仙

英文名 Narcissus

学名 *Narcissus tazetta var. chinensis* 石蒜科水仙属

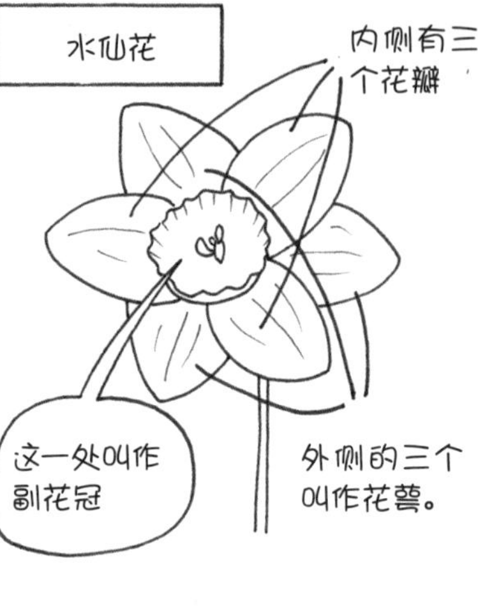

水仙花

内侧有三个花瓣

这一处叫作副花冠

外侧的三个叫作花萼。

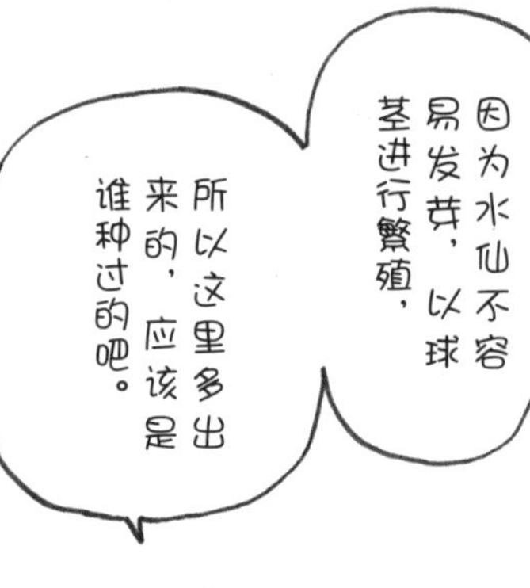

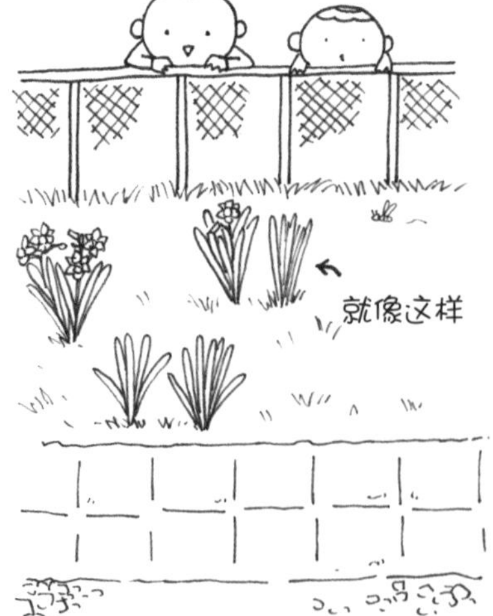

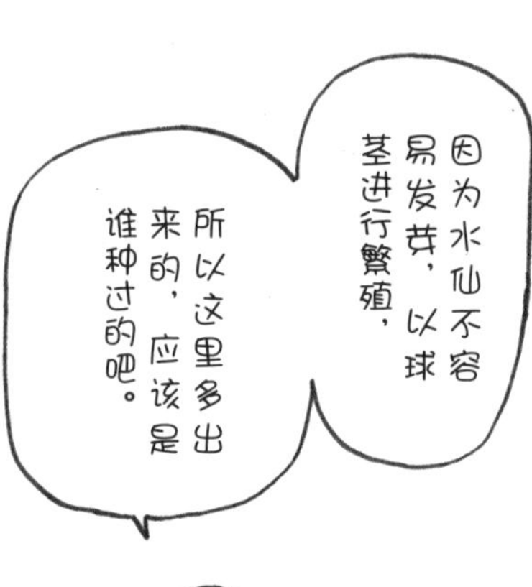

品种多样的水仙。

水仙是石蒜科的多年生草本植物。经历严冬后的水仙花，会在春天绽放，到了夏季，地上的部分便会干枯。在水仙花品种中，有许多香气馥郁的类型，都十分适合园艺，譬如说喇叭水仙、重瓣水仙等。现在在市面上，也出现了在秋季栽培的水仙品种，以及年末至早春期间开花的插花品种，当然也有盆栽的品种。尤其是在新年开放的水仙，是目前市场上的超人气品种。因为水仙的种子很难育成，所以等待水仙发芽的话，比较耗费时间，一般大家都是用分割球茎的方式繁育水仙。这种方式，据日本的典籍记载，是大约从镰仓时代就开始用于插花、花道的一种繁育水仙的方法。而比较温暖的海岸沿线，是比较适合水仙生长的环境，所以在日本，譬如福井县的越前海岸等，都是出产水仙花的名地。

水仙花的绽放代表春天的到来，因此在欧洲也极受欢迎，譬如英国，就将水仙花作为格洛斯特郡郡花。另外不得不说的是，在欧洲，大家所说的水仙花，多数指的是喇叭水仙。诗人华兹华斯所写的诗歌《水仙》，描述的也是喇叭水仙的样子。而水仙的学名音译纳西索斯，便是由希腊神话当中，死后化身做水仙花的美男子的名字“Narcissus ”演化而来的（可以参考漫画）。

5

问荆

英文名 Field Horsetail

学名 *Equisetum arvense* 木贼科木贼属

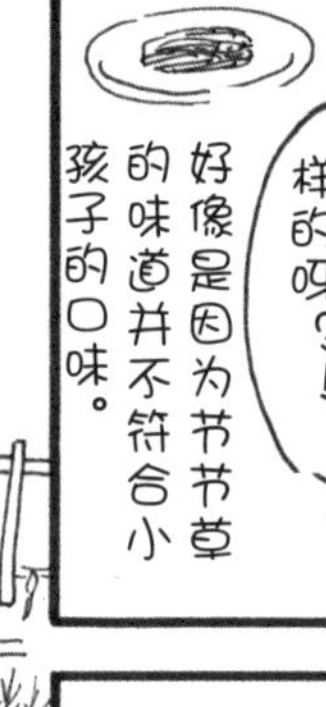

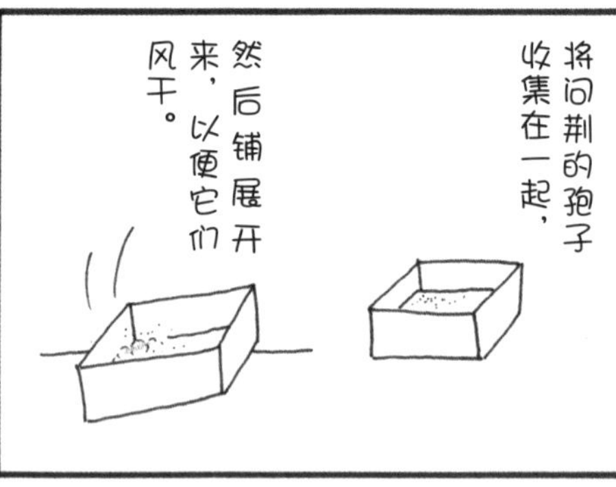

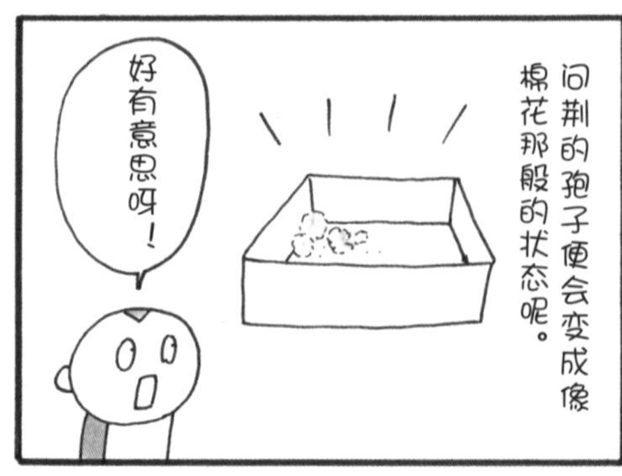

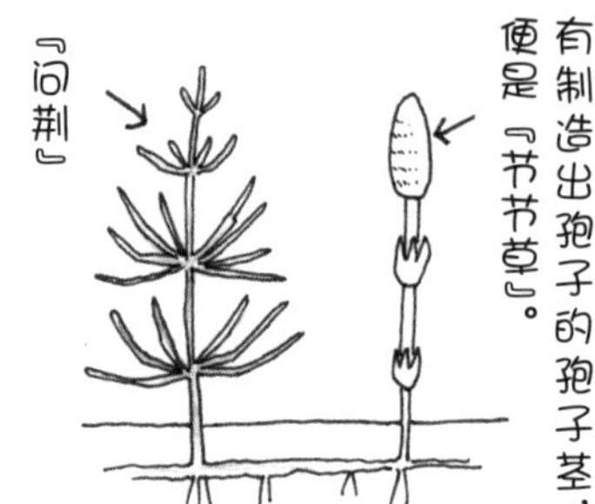

问荆的孢子。

问荆孢子变成棉花状时的样子。

节节草。

问荆无处不在。

蕨类植物木贼科木贼属的问荆，是多年生中小型植物，四季可采。正如上一页漫画中所描述的样子，它和节节草及木贼长得很相似。因为好生长，所以很久以前，问荆就有着节节草、节节木贼等很多别名。因为问荆是蕨类植物，所以并不是以种子传播的形式进行繁殖，而是以孢子的形式进行繁殖，将这些孢子春天传播出去。其后，问荆的叶子（基本上也可以说是茎部）便会延伸开去，随后就会长成图片中问荆的样子了。

即便在贫瘠的土地上，或者是酸性土壤中，问荆也可以很好地生长，可以说是非常顽强的杂草。也有典籍描述问荆的这种顽强，在此引用一下——“据说，曾经因为原子弹爆炸而失去了一切的广岛，后来最先生长出来的绿色植物，便是问荆了”（稻垣荣洋、三上修《身边杂草的愉快生存法》，筑摩书房出版，2011 年发行）。虽然在清理杂草的时候还是会厌恶它，但是对问荆顽强的生命力，我还是非常佩服的。更何况，将问荆风干后，可以作为药材，具有清热、止血、利尿等作用，对肾炎也颇有效用，所以不得不感慨，这样的问荆，其实是超级厉害的！

6 堇菜

英文名 Common Violet

学名 *Viola arcuata* 堇菜科堇菜属

在钢筋混凝土的缝隙中生长出来的堇菜，真是好顽强啊！
相信你一定会这样想。

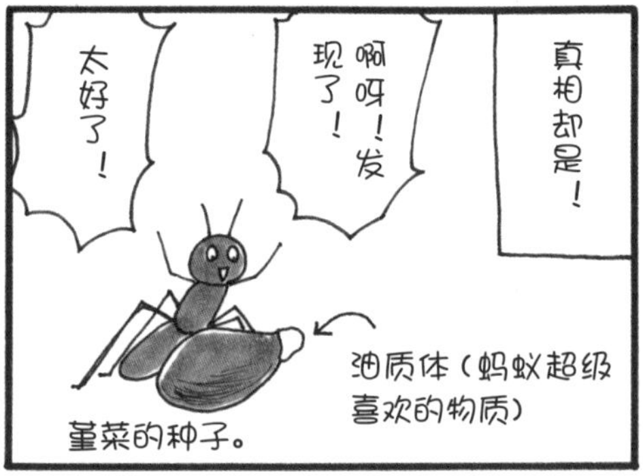
真相却是！
啊呀！发现了！
太好了！
油质体（蚂蚁超级喜欢的物质）
堇菜的种子。

搬回巢穴去吃。
好吃！

吃完的种子可以丢掉了。
然后这个种子长大开出了花。
这种形式，叫作蚂蚁传播。

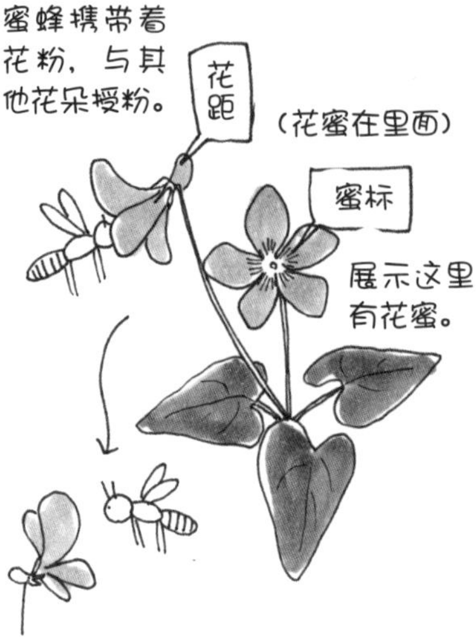
蜜蜂携带着花粉，与其他花朵授粉。
花距
（花蜜在里面）
蜜标
展示这里有花蜜。

裂开的种子。
春季过后，闭锁花便可以自花授粉。

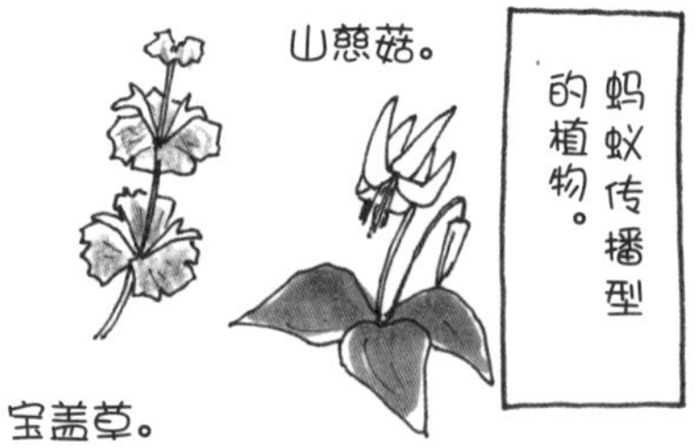
山慈菇。
蚂蚁传播型的植物。
宝盖草。

花福花店笔记
堇菜的盆栽或者是花苗，在春季时开始上市。

紫花堇菜的叶子，呈偏圆的心形。

果实展开时。

吸引昆虫的蜜标。

无论是在都市中，还是在山野间，在中国和日本的大部分地区都能够看见这种野草——堇菜。作为堇菜科堇菜属的多年生草本植物，它可以生长在柏油沥青缝隙中，也可以生长在钢筋混凝土的缝隙中，但是正如上一页的漫画所示，其实这种看似强悍的生命力，要归功于堇菜的种子呢，也多亏了蚂蚁的帮忙，我们才能够每年在很多地方看见堇菜花。而天气炎热起来的时候，很多堇菜花又会变成闭锁花的样子。其实，堇菜也有很多品种用于园艺种植。比较有名的，当属“堇菜”和“紫花堇菜”了吧。而冬季花坛中，三色堇和角堇也是超级有名的园艺品种。当然，园艺类堇菜也一定都是香气美好的类型。

因为堇菜自古以来便是大家喜爱的花卉，所以有太多太多别名和爱称，同样，讴歌和赞美的和歌与诗歌、俳句也是极其丰富的。松尾芭蕉先生有文“山路来走，见物雅优，原是堇菜”也是名句了。另外还有幸田露伴的短篇小说《太郎坊》，一旦读过你就会晓得，原来这“太郎坊”竟也是堇菜的别名，甚是有趣。此外，堇菜并不仅仅是花朵漂亮，它的嫩芽、浆液可以入菜，花朵可以用来腌制甜菜，更可以用于甜品的装饰。说到这里，不禁令人想起我们小时候读过的少女漫画《堇菜甜菜果冻》，真是时髦感满分的漫画作品。但是，本人倒是至今为止完全没有尝过堇菜的叶子或者是花朵制作的美食呢。

7 蜂斗菜

英文名 Japanese Sweet Coltsfoot, Giant Butterbur

学名 *Petasites japonicus* 菊科蜂斗菜属

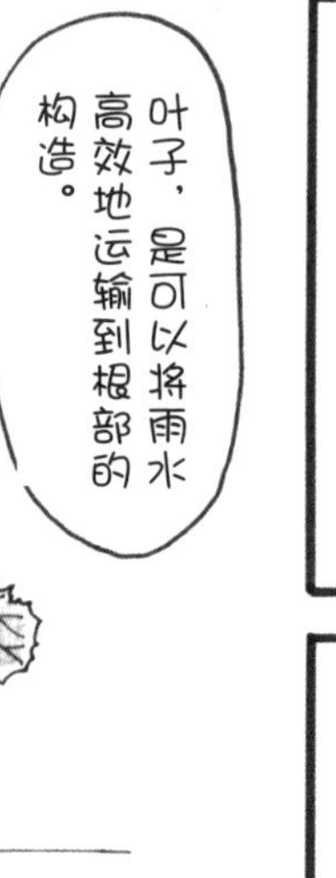

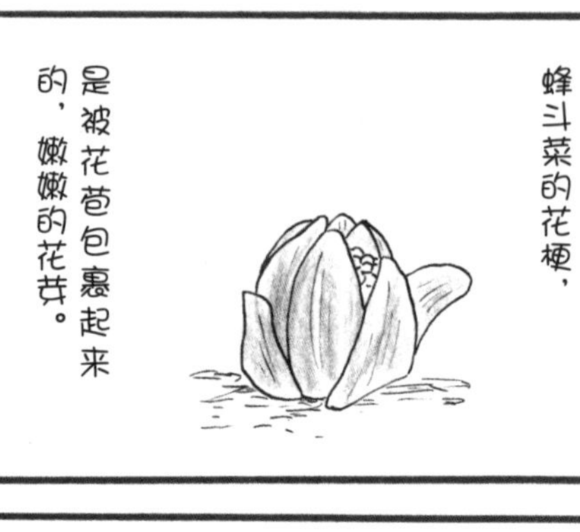

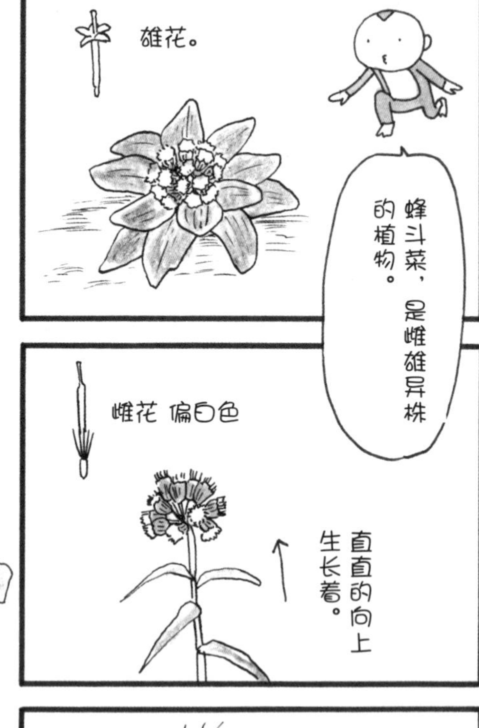

日本秋田县的秋田蜂斗菜，是很有名的品种。
好大好大！
另外还有有『北海道遗产』之称的螺湾蜂斗菜。

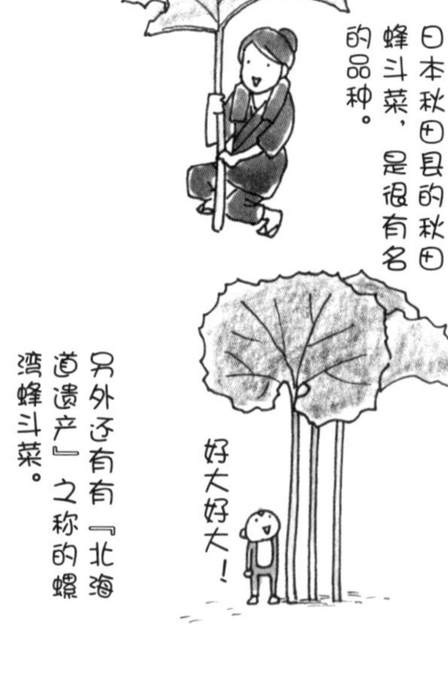

蜂斗菜喜欢在比较湿润的环境生长，地下根茎会横向扩展开。

蜂斗菜花梗有一点点苦味，但很美味。

雌花通过延伸花茎的形式，获取到有毛毛的种子。

这种菊科蜂斗菜属的植物，日本、中国、俄罗斯等地都有分布。它们喜欢湿润的环境，因此在日本城市内比较湿润的道路上，都可以很好地自然生长。在北海道和东北地区自然生长的蜂斗菜“秋田蜂斗菜”，也是蜂斗菜的变种。蜂斗菜是雌雄异株的植物，其中，雌花的颜色偏白色，它会逐渐长成伞房状，而后形成种子。雄花则偏淡淡的黄色，不怎么会向上生长，而是通过花茎在地下横向延伸的方式来繁衍。

作为蔬菜的一种，蜂斗菜也被大量种植，并在市场上流通着。其实，它是很久以前就被人所食用的食材，早在江户时代的料理书籍《豆腐百珍》当中，我们就能看到古人用蜂斗菜烹制味噌汤。在春天，可以取蜂斗菜的嫩芽来烹饪味噌汤，还可以制作天妇罗等日本料理；而蜂斗菜的叶柄则非常适合用于炖菜，十分美味。

8

蕨

英文名 Bracken, Warabi

学名 *Pteridium aquilinum var. latiusculum* 蕨科蕨属

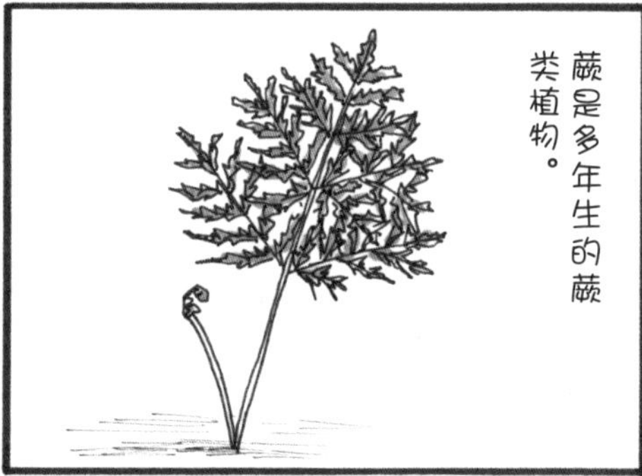

花福花店笔记

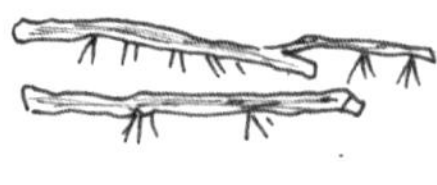

蕨的苗（地下茎部）。

也有盆栽苗的哟。

蕨菜的最上方，呈偏绿又带紫色的颜色。

蕨菜的叶子。

多生长在阳光好的地方。

被茶色毛毛所包裹的紫蕨。

在中国和日本的全国各地，都能够看到这种多年生蕨类植物。春季，蕨菜的新芽萌发、生长出来，到了冬季，蕨菜的地上部分便会枯萎。它们的高度在50~100厘米之间，喜欢明亮的地方。它们通过地下茎进行繁衍，到了春天，蕨菜的新芽是非常受欢迎的蔬菜，因此，也有人专门培育蕨菜。但是因为蕨菜有毒，所以在食用之前，要通过有点麻烦的工序将毒素除掉。蕨菜糕饼，是用从蕨菜的地下茎中提炼出的淀粉制作而成的，因为非常耗费时间和工序，所以会比较贵，现在市面上的蕨菜糕饼，多是混合了红薯或者是马铃薯淀粉的类型。所以说，那些便宜的蕨菜糕饼，想必几乎没有使用蕨菜淀粉吧。

虽然在铁路轨道沿线，经常能见到很多蕨菜生长着，但是因为隔着金属隔离网，也没办法将它们收归囊中，这对于喜欢吃蕨菜的朋友来说真的是有些痛心呢。但是如果说能够忍一忍，不在蕨菜刚发芽的时候就采摘，蕨菜很快会生长出更多的哦。啊……那将会成为一顿蕨菜大宴……

9

宝盖草

英文名 Henbit

学名 *Lamium amplexicaule* 唇形科野芝麻属

因为样子很像是佛祖打坐的莲花台，所以又叫“莲台夏枯草”。

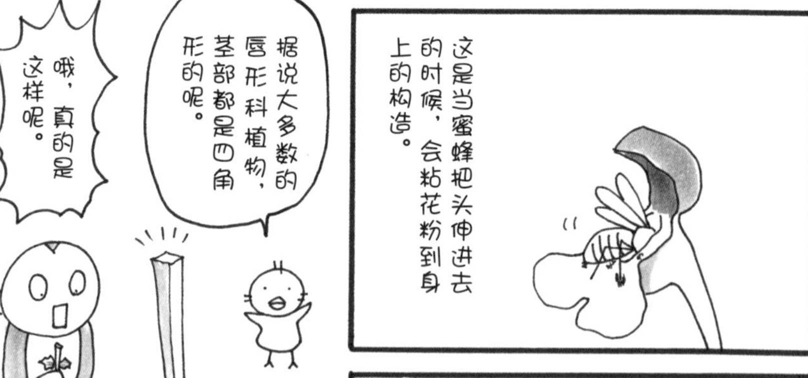

*注：如果光照条件差的话，那么即便是春季也会出现闭锁花的状况。

花朵的蜜标从上方看去非常明显。

一层一层的叶子。

圆形的便是闭锁花。

宝盖草是唇形科的多年生草本植物，在日本各地都可以见到。一般高约30厘米，在秋季发芽，早春时节开始至六月份的时候，会开出紫红色的花朵，我们还可以见到很多花蕾状态下结出果实的闭锁花。宝盖草的种子因为富有蚂蚁所喜欢的油质物，所以和堇菜一样是可以靠蚂蚁进行传播繁衍的。此外侧金盏花、山芋头等也会靠蚂蚁来传播。

10 蒲公英

英文名 Dandelion

属名 *Taraxacum spp.* 菊科蒲公英属

	日本原产品种（关东蒲公英）	外来品种（西洋蒲公英）
花朵的区分方法		这里是向外翻的
花	较小	较大
花期	春季	全年
种子	较少	较多
繁殖方式	异花授粉	自花授粉
生长环境	多为田地间	多在都市中

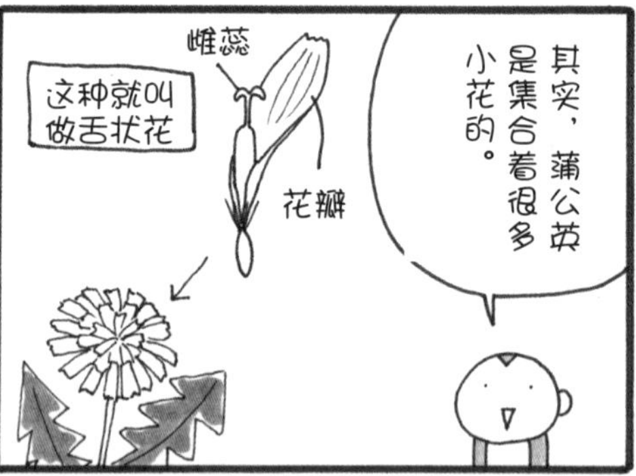

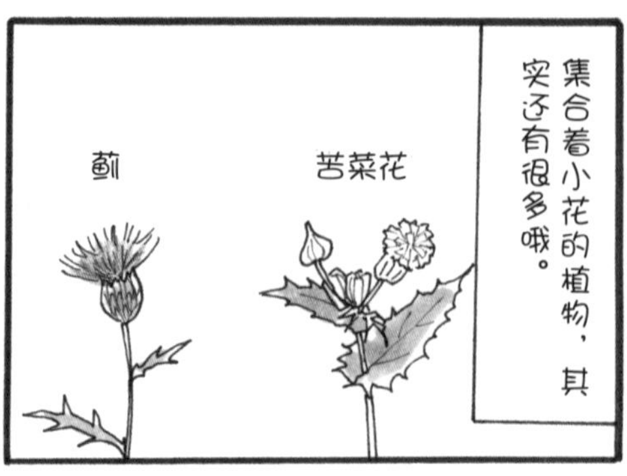

另外蒲公英有英文名“DANDY LION”，意思是狮子的牙齿。

西洋蒲公英的花萼呈外翻的状态。

聚集着小花的舌状花，盛开时候的样子。

关东蒲公英。

每一朵小花都可以长成种子。

菊科蒲公英是多年生草本植物，日本北海道的多是虾夷蒲公英（译者注：虾夷，日本江户时代对于阿伊努人的称呼，也是阿伊努人对北海道的古称。），在关东的多是关东蒲公英，在近畿到北九州之间分布的则是关西蒲公英，而在城市中，最多看见的，其实是外来的蒲公英品种——西洋蒲公英。那么日本西部一定是关西蒲公英更多吗？早晚我会带着这个疑问，来一场日本全国各地的蒲公英观察之旅。虽然说蒲公英的叶子和根都可以食用，但我一次都没有吃过，我想在我的蒲公英巡礼旅途中，一定要吃吃看的。

为了拍摄蒲公英的图片，我在自己家的附近找了许多蒲公英，居然全部都是西洋蒲公英。

11 紫云英

英文名 Chinese Vetch, Milk Vetch

学名 *Astragalus sinicus* 豆科黄耆属

因为花朵的形状像佛祖的“莲花宝座”，所以得名紫云英。

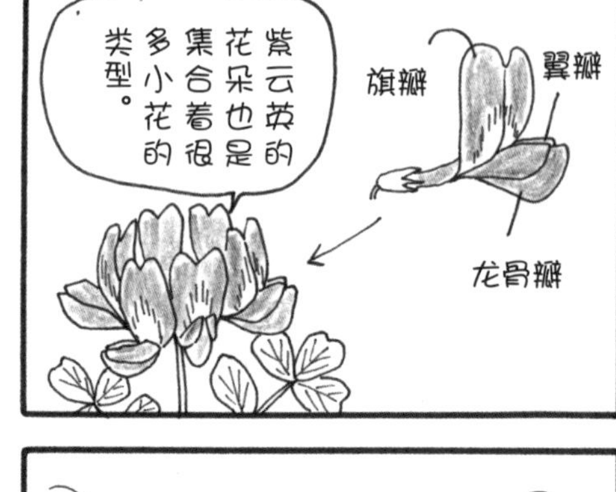

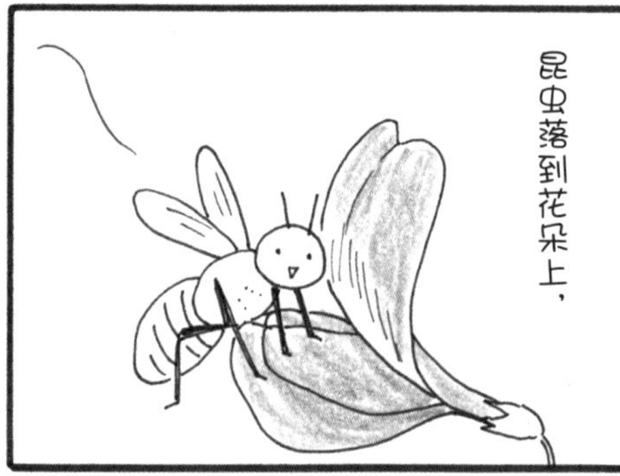

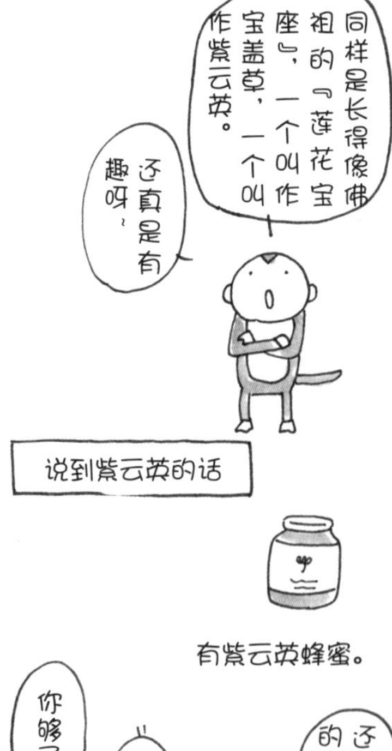

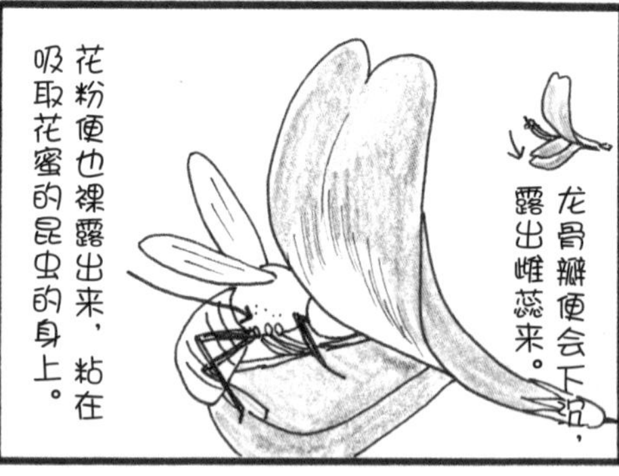

蜜蜂一旦发现了花蜜，便会跳起“8”字舞蹈，通知伙伴们一起来采集花蜜。

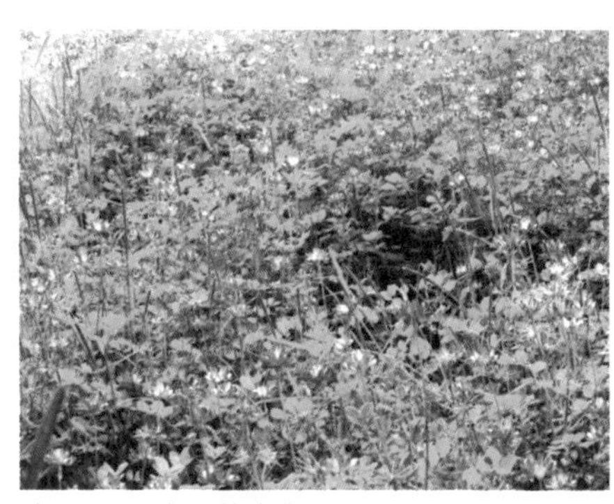
洗足池的紫云英角落。

原产于中国的紫云英是豆科黄耆属的归化植物，虽然一般情况下大家叫它红花草，但是正式的名称是紫云英。在日本，岐阜县盛产这种植物。紫云英根部附着的根瘤菌可以帮助它吸取空气中的养分。以前，在稻谷收割后，将紫云英的种子撒在田间。它们可以帮助土地吸收空气中的营养，让土地更加肥沃。此外，紫云英也因为容易生长且营养丰富而被用作牧草。

因为紫云英属于成片生长的植物，所以我曾在春季各地的田间和原野中，看到过大片大片绽开着的紫云英花。虽然这种景色在城市中并不容易见到，但是刚好在我们家附近，我们就发现了一片大紫云英！在五月份的时候开得静谧而美好。紫云英也是可以食用的，而且没有怪味道，我想掌握好烹饪方式应该会很美味。

12

油菜

英文名 Canola

学名 *Brassica rapa var. oleifera* 十字花科芸薹属

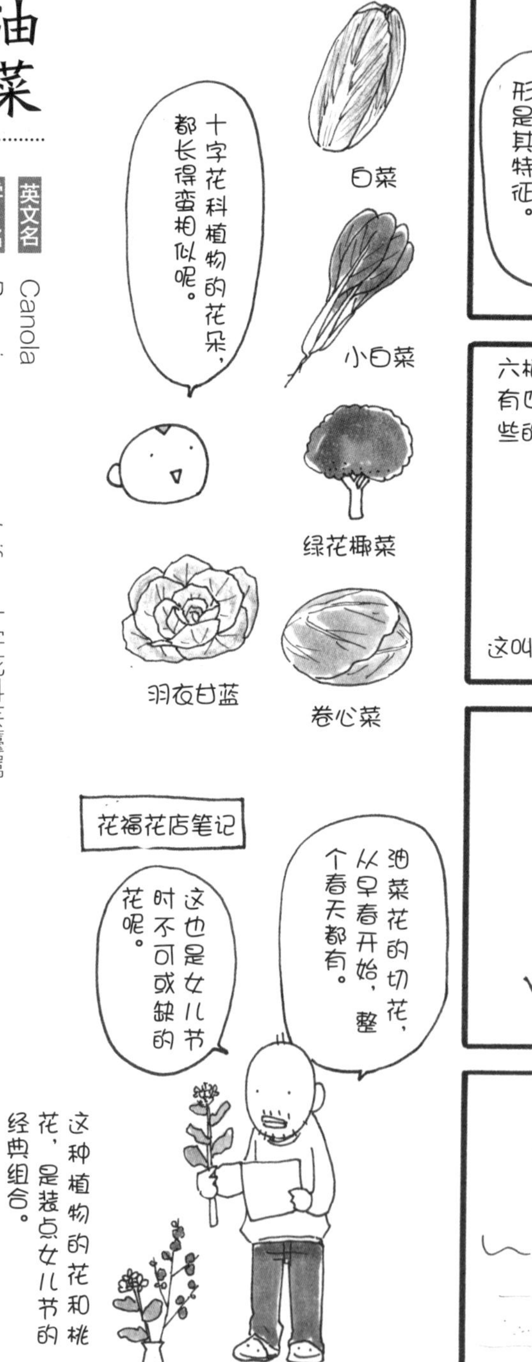

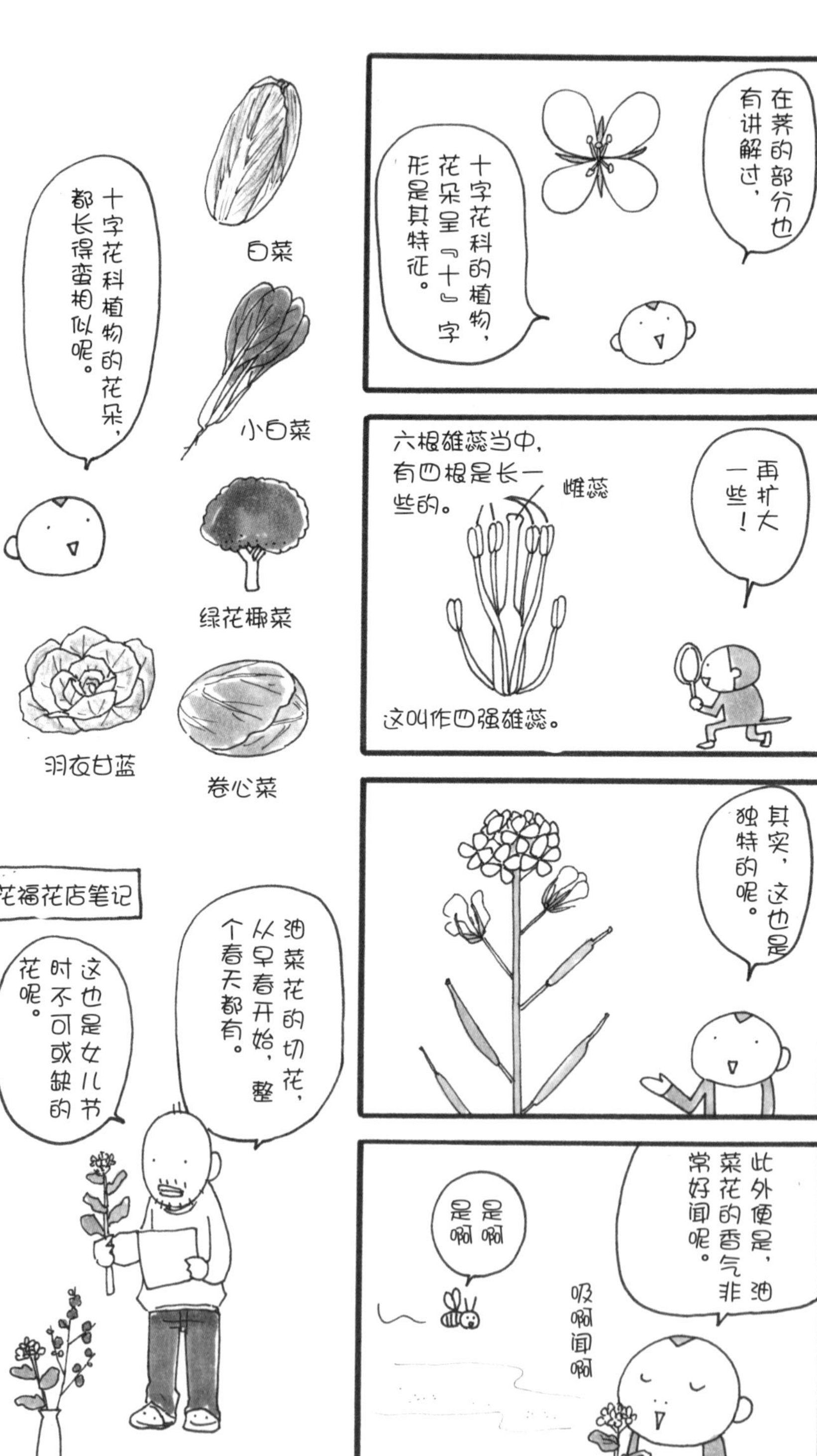

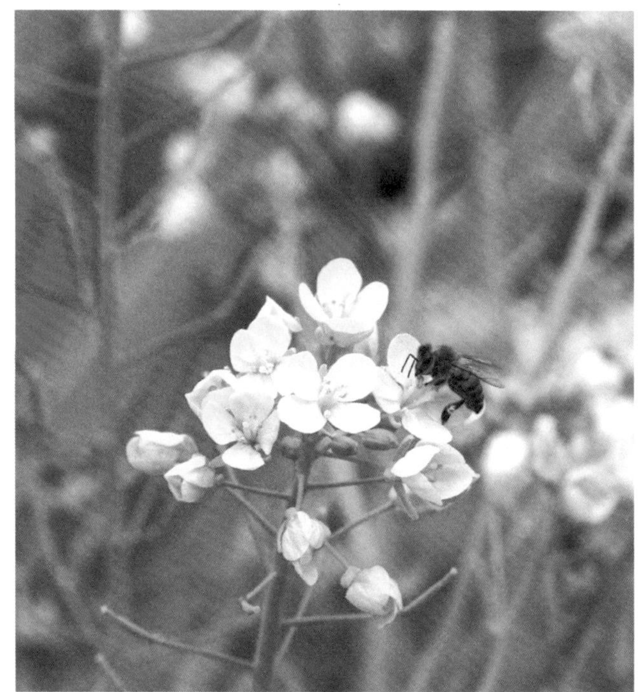

油菜的花用明媚的黄颜色和香气招揽昆虫。

在铁路两边的土路上，会看见群生的油菜花。

同样是十字花科的白菜的花朵。

这种属于十字花科的一年生草本植物，会在春天的时候绽放开“十”字形的花朵。提到春季绽放的黄色小花，大家多会想到油菜花，描述油菜花的文字也不在少数，譬如画家谢芜村的俳句“遍野菜花黄， 东有新月西夕阳”。

油菜自古便是人们常食用的蔬菜，但是因为油菜种子也是菜种油的原料，所以在日本从江户时代起，油菜也为榨油而被培育。采油后剩下的油粕，可以用作饲料以及肥料。当然，也有观赏类的油菜花品种，这类是日本的女儿节不可或缺的花材。（译者注：女儿节为日本五大民间节日之一，曾为农历三月初三，明治维新后更改为阳历的三月三日。）

13 长荚罂粟

英文名 Field Poppy, Longhead Poppy

学名 *Papaver dubium* 罂粟科罂粟属

根据多部相关书籍描述，长荚罂粟的果实中，含有1500~2000粒种子的情况比较多。

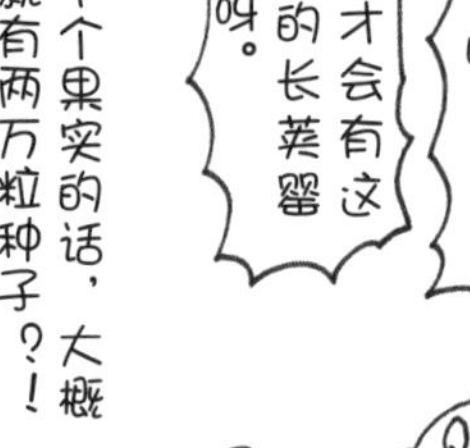

十个果实的话，大概就有两万粒种子？！

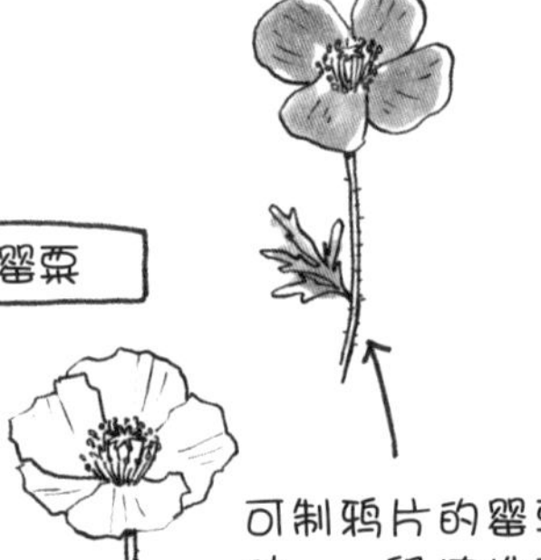

可制鸦片的罂粟品种，一般植株高度超过一米，且果实大过乒乓球。

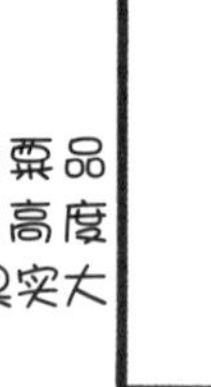

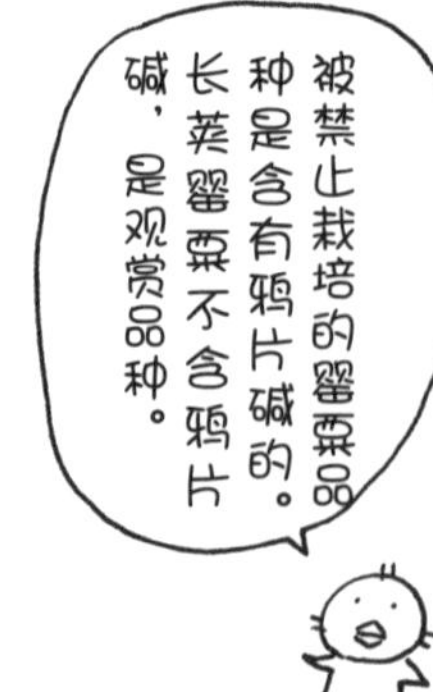

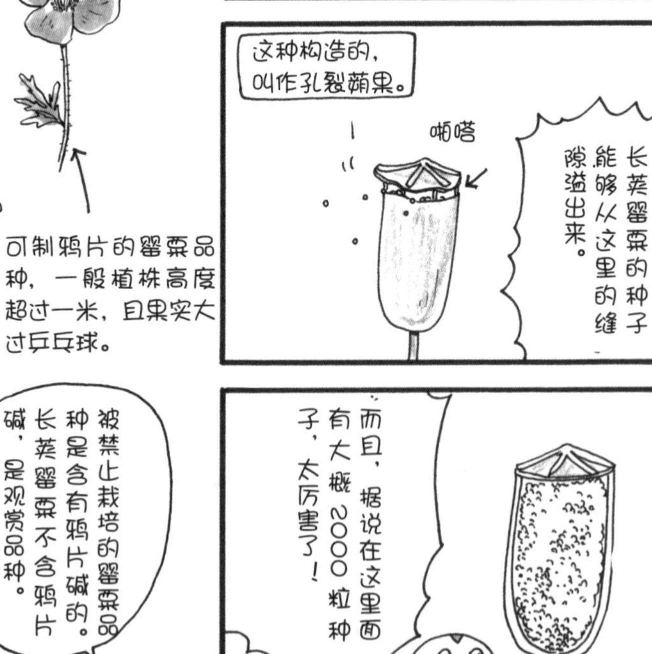

路边的长荚罂粟花朵和果实。这些果实里面，可是有着相当多的种子哟。

罂粟科罂粟属的一年生草本植物长荚罂粟的种类，果实比普通的罂粟要细长，据说因此而得名“长荚罂粟”。在日本，长荚罂粟在秋季发芽，然后挨过一个冬天，在春季才开始绽放花朵。长荚罂粟本为原产自欧洲的归化植物，1961 年才在日本被发现，应当说是发现比较晚的野生植物了。我记得在我还是小孩子的时候（20 世纪 70 年代），根本没有看见过这种植物，现在想来，理由大概就是这样的吧。在东京，长荚罂粟大概是从 15 年前开始渐渐增多起来的。到了万物复苏的春季，道路、街道两旁的树木根部便会开出很多橘红色的可爱的长荚罂粟的花儿们了。不得不说的是，如同上一页漫画中所描述的那样，每一颗长荚罂粟的果实里面，都有着超级多的种子，大概有 2000 粒左右呢。所以，也难怪这些年，长荚罂粟繁殖得特别旺盛了。

“Poppy”是罂粟属植物的总称，无论是罂粟、虞美人，还是西班牙语当中的 Adormidera、法语当中的 Le Coquelicot，其实讲的都是罂粟类植物。在春季，花店最先开始上架的罂粟切花，多数是冰岛罂粟。因为切花的上架时期比较短，所以请珍惜春季这种迷人的美好植物吧。

14 日本鸢尾

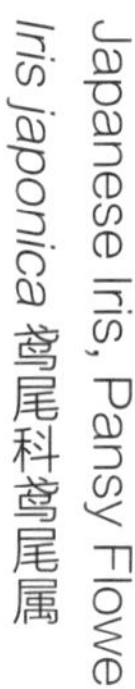

英文名 Japanese Iris, Pansy Flower

学名 *Iris japonica* 鸢尾科鸢尾属

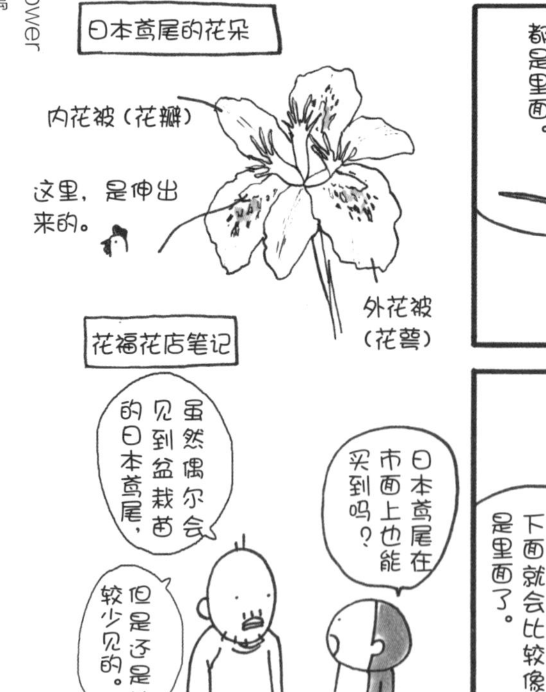

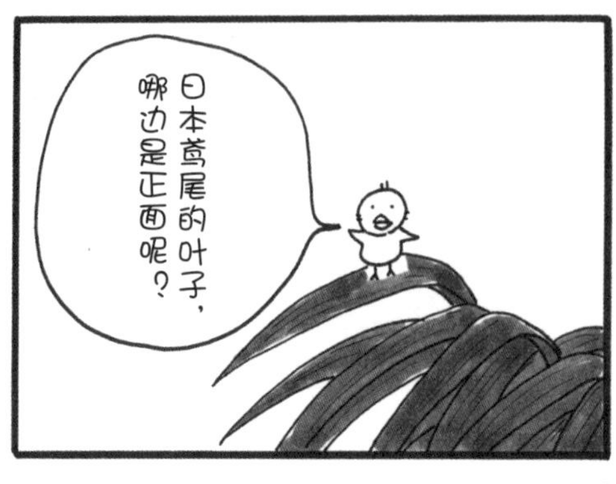

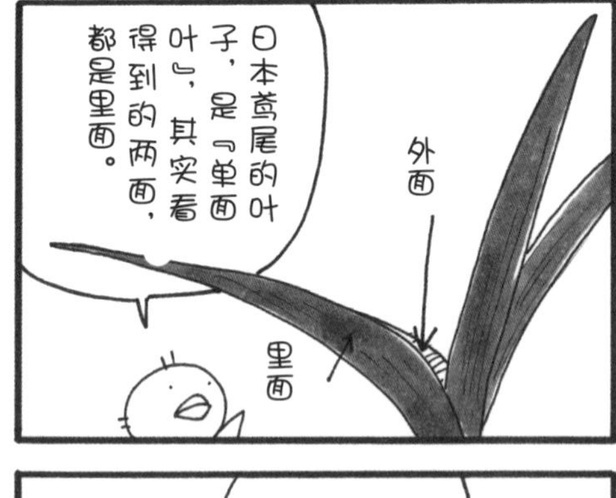

光光滑滑的具有光泽感的日本鸢尾叶子，因为是群生性的植物，所以很好辨认出来。

小小的鸢尾似的花朵。

日本鸢尾，是鸢尾科鸢尾属的多年生草本植物。一般而言，长度在 50 厘米左右，喜欢在湿润环境中或者是多阴雨的地方生长。日本鸢尾原产自中国、日本和韩国，又叫作“白花射干”。在日文中，日本鸢尾发音作“YAKAN”，汉字写作“射干”，无论是读音还是汉字，都源于中国。日本鸢尾另有别名叫“蝴蝶花”。其实，日本鸢尾的开花时节和樱花很接近，所以在我们赏樱的时候，也经常会看见日本鸢尾。很多朋友因为不认识这种花，会来问我们它的名字。日本鸢尾比普通的射干花要小一些，而那种呈现淡淡紫色的，是姬射干。

日本鸢尾开花只有一日，但是会接连开花。虽然它们没有种子，但是可以通过分株的方式进行繁育，所以日本鸢尾才能有今日的繁华，这种属性，和本书第 62 页所介绍的彼岸花是一样的。

15

春飞蓬 一年蓬

学名 *Erigeron philadelphicus* 菊科飞蓬属

学名 *Erigeron annuus* 菊科飞蓬属

英文名 Philadelphia Fleabane

英文名 Annual Fleabane, Sweet Scabious

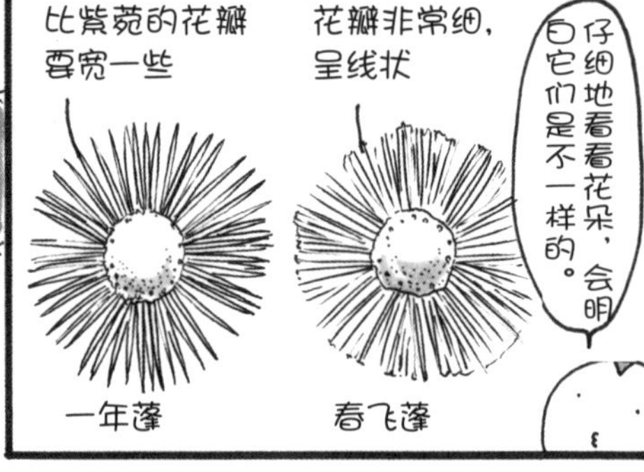

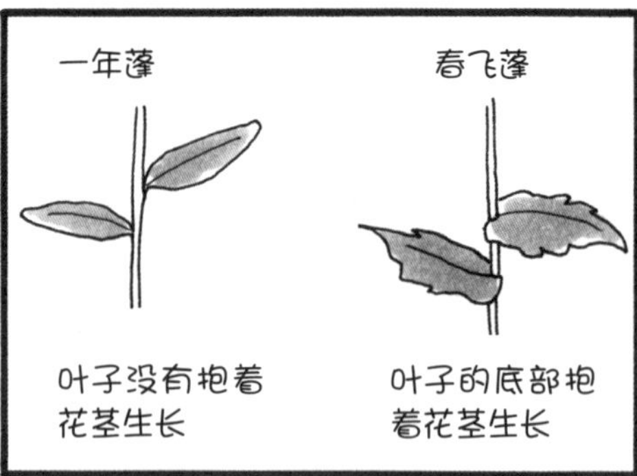

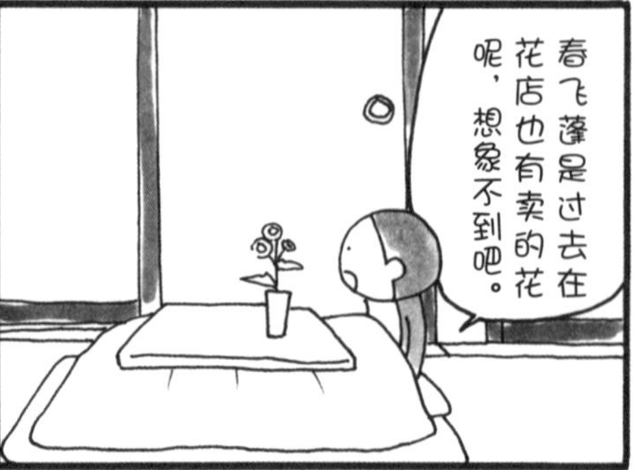

这两种花的开花时期也不一样。

在春季开花的，是春飞蓬。

从初夏时节开花至秋季的，是一年蓬。

花瓣像线那般纤细的，是春飞蓬。而且叶子的底部是抱着花茎生长着的。

一年蓬的花瓣，比较之下还是有宽度的。

春飞蓬花，是菊科飞蓬属的多年生草本植物，开花季节是春季。春飞蓬在日本的大正时期，作为观赏类植物被引进日本，现在已经属于归化植物。而对应春飞蓬的一年蓬则是菊科一年生的草本植物了，花期从初夏开始，一直延续至秋季，一年蓬的个头比春飞蓬也要高。一年蓬则是明治时期作为观赏植物传入日本的，也属于归化植物。这两种植物，在我年幼的时候，被称为“贫穷花”，万万没有想到的是，他们还都是不远万里来到日本的植物啊。据说在过去，花店还会售卖这两种花，真是令人大吃一惊。

区分开这两种小花的方法还有花蕾的朝向和叶子的形状等，但是最好理解的还是像上一页的漫画中所描述的那样，看花瓣和叶子的状态便能够区分开了。下次，当你在路边看见这样的菊科小花时，别忘了比对一下，看看它究竟是春飞蓬还是一年蓬吧。

16

粗毛牛膝菊

Hairy Galinsoga, Fringed Quickweed

Galinsoga quadriradiata 菊科牛膝菊属

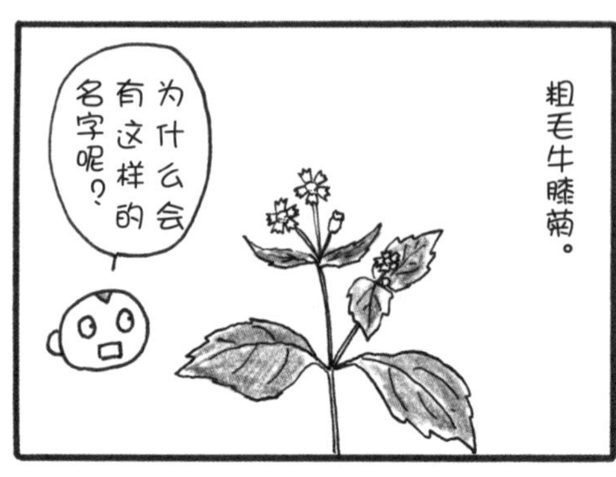

粗毛牛膝菊。

为什么会有这样的名字呢？

在日本，它是由植物学家牧野富太郎博士命名的。

请问，当初您为什么给它取了这个名字呢？

在日本，最先是在世田谷区的垃圾堆发现这种植物的，对吧。

牧野博士还为其他许多其他植物命名过。

比如说魔鬼番茄。

魔鬼哦……

外侧是舌状花

花瓣

正中间是筒状花

其实粗毛牛膝菊的花，是集合了很多开放着的小花呢。

此前还真是不知道，它也是大正时期才出现的归化植物呢。

一整年都能看见这种植物呢。

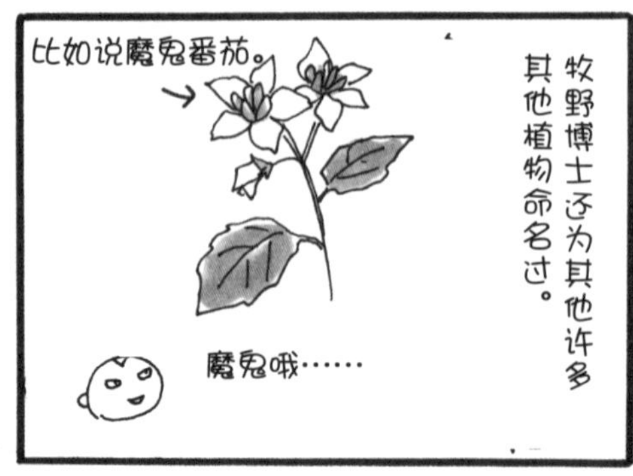

粗毛牛膝菊有五个大花瓣，每片花瓣又有三个瓣的情况比较多。茎部则分成两枝，反向延伸生长。

粗毛牛膝菊的叶子是对向而生的，花茎和花叶上都长着毛毛。

正中间的黄颜色部分，是筒状花；白色的部分是舌状花。

现在，在日本的各地都有野生的粗毛牛膝菊，它属菊科牛膝菊属，是一年生草本植物。在东京都内，到处都能看见这种植物。其实，粗毛牛膝菊原产自美洲的热带地区，是大正时期才传来日本的归化植物，而且让人意外的是，它们算是比较新的野生植物呢。归化植物一般来说耐热也耐寒，花期比较长，而且种子繁多，可以爆发性的繁殖。它的花瓣特别像是舌头，是很可爱的一种植物呢，与名字不大相符。

17 车前草

英文名 Asiatic plantain, Chinese plantain

学名 *Plantago asiatica* 车前科车前属

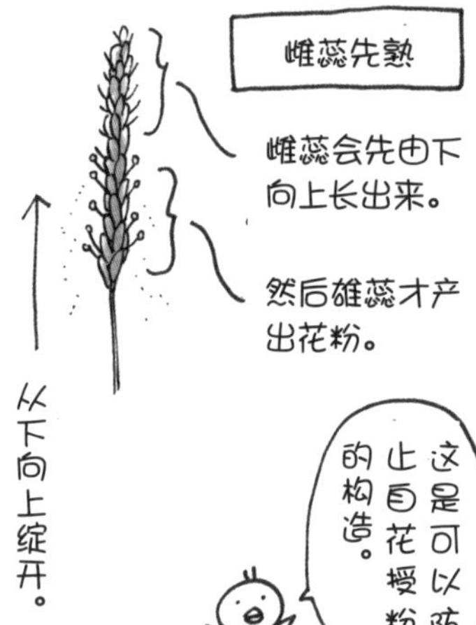

车前草的种子是椭圆形的，成熟后，上面的一半会像盖子那样啪的一下打开，种子便可以从里面掉落出来。

螺旋生长的叶子。

车前草的花期从春天可以一直持续到秋天，车前草是车前科车前属的多年生草本植物。在日本又叫“大叶子”，是因为它的叶子比较大；在中国，则是因为种子的传播特点而得名“车前草”。如果你留心多加观察，会发现它们所生长的地方有共同特点。它们不会生长在钢筋混凝土或者是柏油马路的缝隙之间，而是会生长在没有装饰过的河畔、道路和空地上，在公园等空地比较大的地方，也可以看见成片的车前草。如果说你在经常会有人通过的道路上发现了车前草，那么相信这多半就是我们人类帮着传播的种子所生长出来的了。由此可见植物也是很有智慧的呢。

车前草全草以及种子，都可以作为药材的原材料使用，有很好的利尿、清热等效果。而车前草的嫩芽，则非常适合用来烹饪天妇罗。在我小的时候，还用车前草的花茎玩过“车前草大相扑”这样的游戏。真是吃也很好、玩也很好、做药也很好的复合型的多用植物呢。

18 酢浆草

英文名 Creeping Oxalis

学名 *Oxalis corniculata* 酢浆草科酢浆草属

快看，酢浆草在睡觉呢。

酢浆草的花叶睡着了呢。

果实在睡觉吗？

（酢浆草是酢浆灰蝶幼虫的食物）

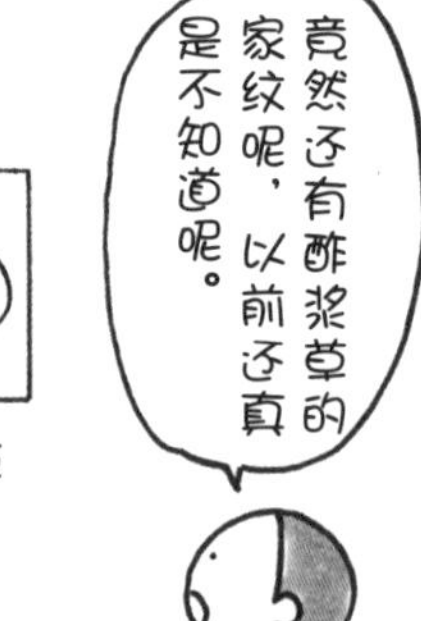

酢浆草

竟然还有酢浆草的家纹呢，以前还真是不知道呢。

据说，用酢浆草的叶子擦拭镜子，

你就能从镜子中看见想要见的人……这是真的吗？

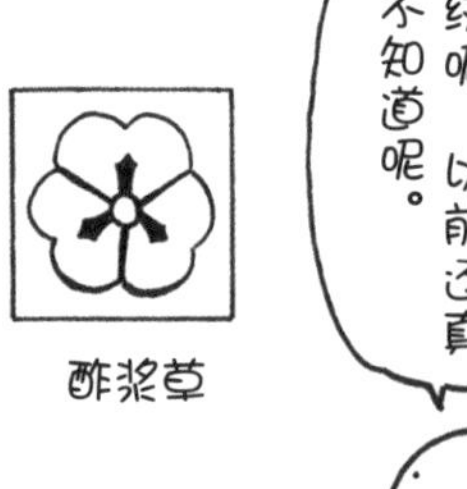

酢浆草非常喜欢日照。酢浆草本身不会向高处生长，而是会横向延伸生长开来。

酢浆草的种子会粘在人类身体或者其他物品上面，以这种形式进行传播。

紫色的酢浆草。

酢浆草，会在春季绽放出黄色的可爱花朵，是酢浆草科酢浆草属的多年生草本植物。也有叶子是紫红色、花朵是粉红色的红酢浆草。还有花卉和叶子都比较大的酢浆草，在花店以“Oxalis”的名字售卖的植物，其实也都是酢浆草的小伙伴。无论是酢浆草，还是 Oxalis，都既有野生的，也有园艺类的品种，而且都有很多种类。听说酢浆草的叶子当中含有草酸，我倒是也尝过味道，确实是酸的呢。据说在过去，人们会利用酢浆草来擦拭珍珠。

19 花菖蒲

英文名 Japanese Iris

学名 *Iris ensata var. hortensis* 鸢尾科鸢尾属

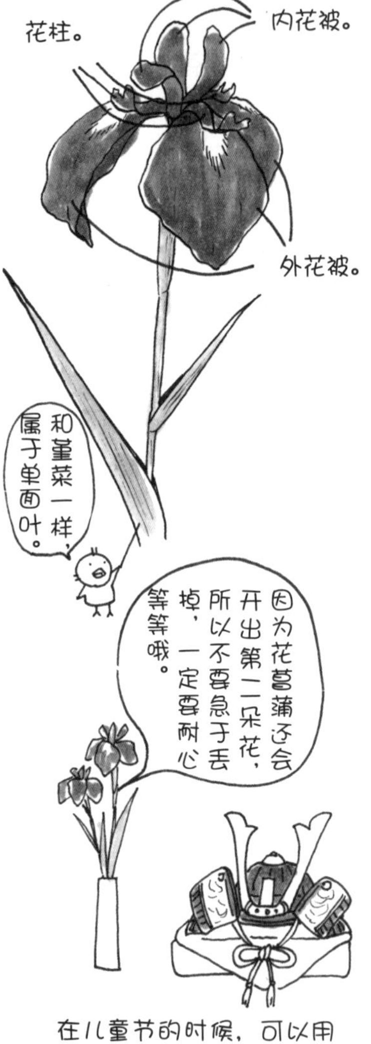

在儿童节的时候，可以用花菖蒲来做装饰。

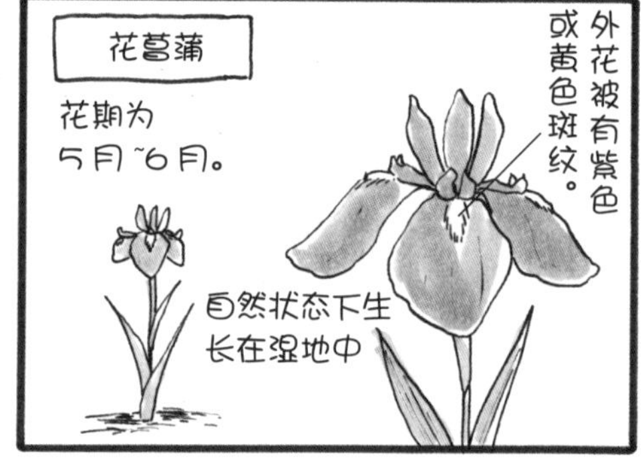

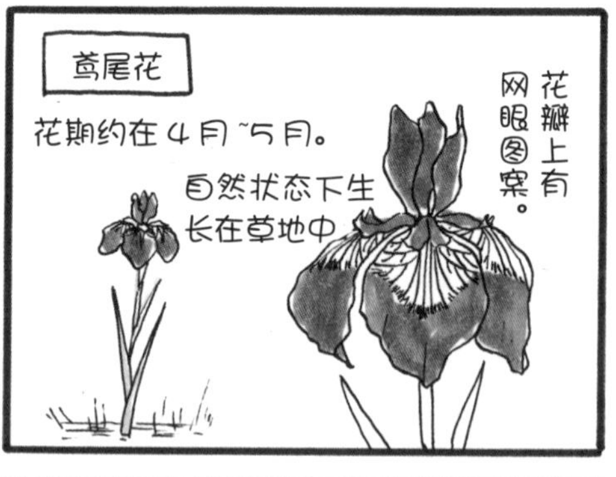

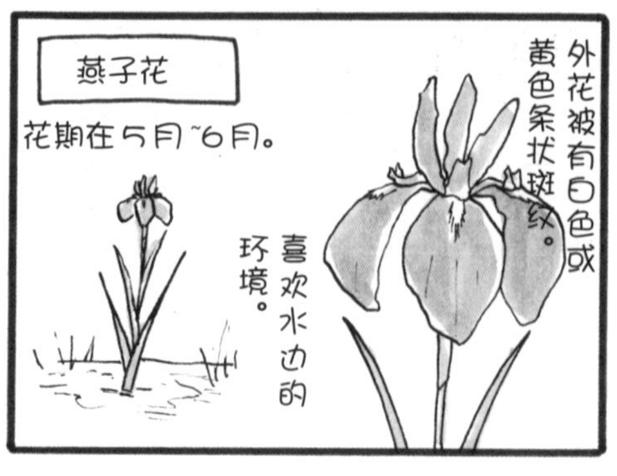

鸢尾花的花瓣上，有着网眼状的图案。

花菖蒲的花瓣上，有黄色的三角形图案。

花菖蒲是鸢尾科的多年生草本植物，它喜欢水边或者是湿地这样的环境，花朵会在初夏时节绽放。花菖蒲在日本，是从江户时代就有的园艺类植物，可以说是自古便多有栽培，因此，也有很多不同的品种。区分是花菖蒲还是燕子花的方式，也正如上一页的漫画中所讲的那样，下次见到它们，可以好好地辨别一番呢。以位于东京都葛饰区的堀切菖蒲园为首，在日本很多地方，都有可以观赏花菖蒲的地方。但是用作泡浴的菖蒲，是菖蒲科的菖蒲，和鸢尾科的花菖蒲，其实是截然不同的两种植物。

在花卉市场上，初夏时节，会有很多花菖蒲的插瓶款式和盆栽款式开始售卖。所以，每年的 5 月，都会有一些为了装点男孩节而购买花卉的客人问我们："花菖蒲的花，会在 5 月 5 日的时候开放吗？"但是究竟能否刚好在男孩节那天绽放，真的是要看运气的，所以我们会建议客人多买几枝有花蕾的花菖蒲呢，这样刚好在 5 月 5 日开放的可能性就会大一些。

20 鱼腥草

英文名 Pig Thigh, Chameleon Flower, Houttuynia

学名 *Houttuynia cordata* 三白草科蕺菜属植物

就算是除了又除，

几周后，

鱼腥草还是很快就长出很多来。

这是因为鱼腥草在地下的茎部没有除干净，而它们又会很快生出新芽来。

地下茎类型的植物，就是很容易繁殖呀。

鱼腥草喜欢在潮湿的地方生长。

还真是呢，在太阳光好的这里，根本就没有鱼腥草。

鱼腥草的花长这样

看上去像是花瓣的，其实是花苞。

在这里，集合着很多小小的花朵。

总苞。

鱼腥草茶

最近的鱼腥草茶，喝上去口味变好不少呀。

花福花店笔记

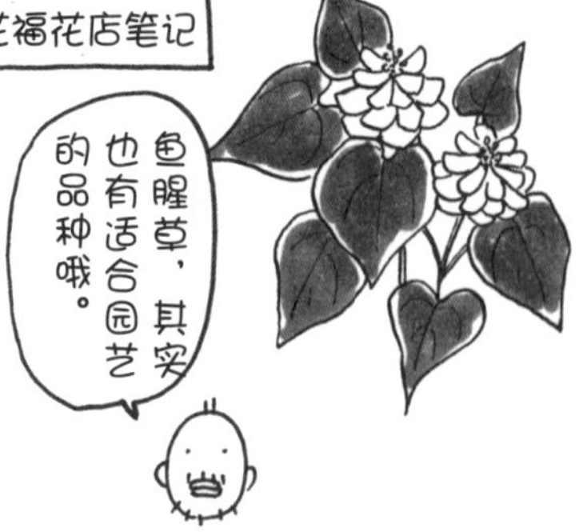

鱼腥草，其实也有适合园艺的品种哦。

鱼腥草，在樱花散落的时候，刚好一棵接着一棵长出来，新芽是有点红色的，而且喜欢湿润的地方。

看上去像是有四个花瓣的小白花十分可爱。

鱼腥草的生命力十分顽强，在日本全国各地都能生长，喜欢微微湿润的环境，是三白草科的多年生草本植物。也有园艺类的鱼腥草品种，这种类型的鱼腥草，不仅叶子的颜色漂亮，而且叶片上有好看的纹路，有的还是多重花的类型呢。整株鱼腥草具有独特的气味，虽然这种气味不招人喜欢，但是到了初夏时节，它们所绽放的白色小花，却十分的俏皮、可爱。看上去像是花瓣的部分，其实是“苞片”，而正中间看上去像是花蕊的筒状部分，才是鱼腥草真正的花朵。鱼腥草的叶片可以做成鱼腥草茶饮用，也可以作为药物的原材料，其叶片与茎部，还可以直接作为食物食用，总之，是有着很多利用价值的植物。所以，如果鱼腥草不腥臭的话，一定会是特别具有人气的植物吧。

曾经有花店的客人送给过我们自己制作的鱼腥草茶，确实是具有独特的风味。现在市面上贩卖的鱼腥草茶，为了保证口味与口感，多数会混合上其他类型的茶叶，所以味道着实柔和了许多。

21

紫斑风铃草

英文名 Spotted Bellflower

学名 *Campanula punctata* 桔梗科风铃草属

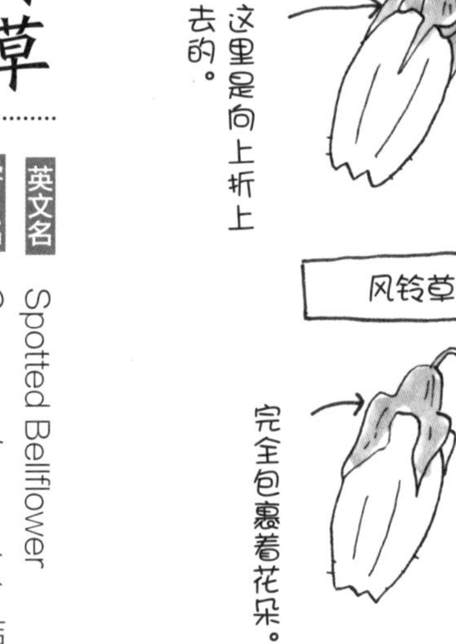

紫斑风铃草和风铃草的区分方法。

风铃草

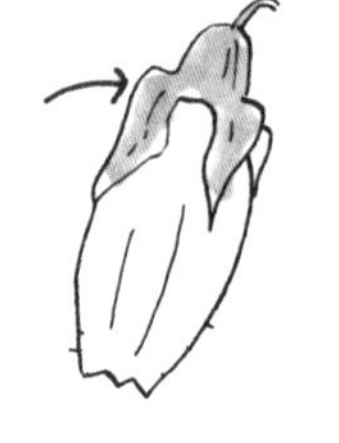

花福花店笔记

紫斑风铃草的花萼与花萼中间的部分会向上翻折。

看上去有清凉感觉的淡紫色风铃草。

紫斑风铃草，具有超乎想象的顽强生命力，是桔梗科的多年生草本植物，不仅在山野间多有生长，在都市中，也能见到许多野生的紫斑风铃草。在城市的钢筋混凝土缝隙中，紫斑风铃草也可以长出新芽来，然后开花、结果，再传播扩散开来。它的高度大概有 80 厘米，会在初夏时节绽放花朵。花朵的颜色，不仅仅有淡紫色，也有深紫色和白色等很多种。关于它名字的由来，众说纷纭，难以确定到底哪一个是真实的。在花卉市场上，盆栽的紫斑风铃草也是在初夏时节上市，并且广受欢迎。而且因为花蜜丰富，紫斑风铃草也非常受蚂蚁的欢迎呢。

22 鸭跖草

Asiatic Dayflower, Common Dayflower

Commelina communis 鸭跖草科鸭跖草属

哥哥，你看，都到了傍晚了，鸭跖草的花还在开着呢。

弟弟，这你就不知道了吧，即便是阴天，它们的花也会慢慢地绽开呢。

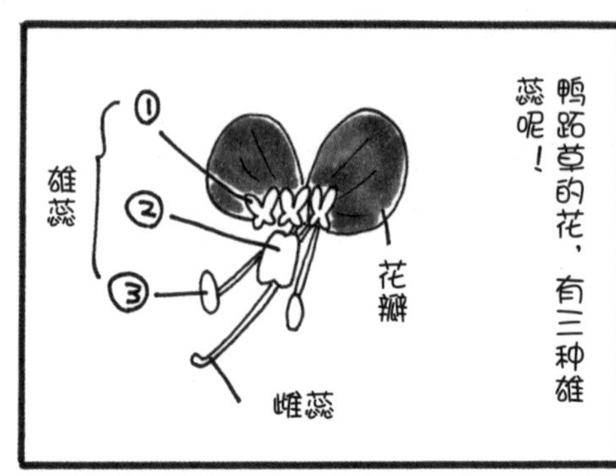

夏天早晨的鸭跖草花。三种不同的雄蕊非常醒目，它们一同引诱着昆虫。

鸭跖草这种鸭跖草科的一年生草本植物，在日本各地都有生长，它们是喜欢湿润环境的野生植物，高度大约在 50 厘米。在春季，鸭跖草会发出新芽，到了夏季，漂亮的蓝色花朵就会在清晨绽放。因为鸭跖草的花，属于日中花，所以一般而言，过了中午就会开始枯萎，而如果天气不好的话，可以绽放到傍晚时间。这样的花朵，只要是开的时间长一点，就可以让人觉得自己赚到了呢。就像是上一页的漫画当中所介绍的那样，鸭跖草的花以相当复杂的构造来吸引昆虫（这一点我此前也是不知道的）。此外，鸭跖草的花朵，在即将枯萎的时候，还会完成自花授粉，真的是无比强大和智慧型的植物呢。

自古以来，鸭跖草花朵当中的蓝色色素都会被用于布料或者是和纸的印染，以及染织物的画稿当中。而且鸭跖草的嫩芽，可以用来烹制天妇罗，还很适合用来炒菜、炝菜，烹饪汤羹等。鸭跖草具有清热、凉血、解毒的功效，对痢疾之类的疾病也颇有良效，所以鸭跖草也是很多药物的原材料。在很久以前的日本，鸭跖草被称为“月草”，在《万叶集》当中，有这样的描述——“思如月草，变色容易。我念之人，一语无告。”

23 马齿苋

英文名 Purslane, Verdolaga

学名 *Portulaca oleracea* 马齿苋科马齿苋属

马齿苋。

我试着吃过马齿苋。

口感是滑溜溜的，还有一点酸酸的味道呢。

花福花店笔记 马齿苋的小伙伴们。

环翅马齿苋

大花马齿苋

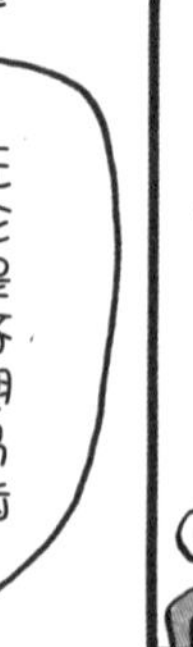

无论是环翅马齿苋还是大花马齿苋，都是夏季时节的常见切花。

只要把植物枝茎插在花瓶中，很容易开出花朵来。

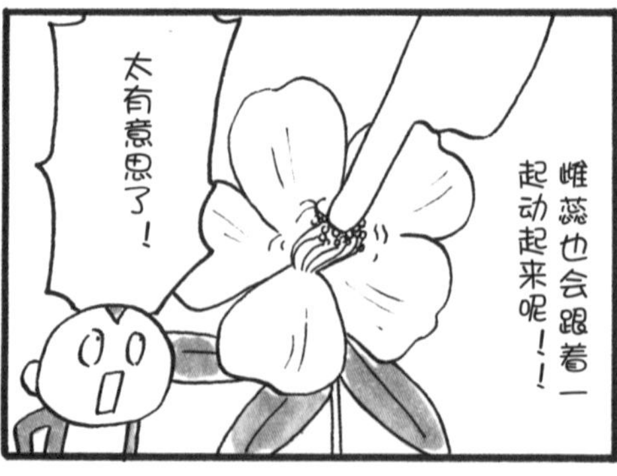

马齿苋的叶片为含水丰富的肉质感叶片，所以马齿苋有较强的耐干燥性，常常成片生长。

马齿苋，是在世界各地都广泛分布的野生植物，从夏季到秋季，会渐渐地绽开黄色的小花，是马齿苋科的一年生草本植物。马齿苋的生命力十分顽强，无论是钢筋混凝土还是柏油沥青的缝隙间，它们都可以生长。马齿苋的叶片有点像多肉植物的状态，茎部也呈现出红色，就像上一页的漫画中所描述的那样，它们原本白色的根部，经过捻揉后，也会呈现出红色，十分有趣，一定要试着体验一下哦。而大花马齿苋（别名松叶牡丹），则是马齿苋的园艺品种了，花朵会比较大，但是无论叶子还是茎部与马齿都十分的相似。

因为马齿苋可以食用，所以我们曾把它煮过试吃，是那种滑溜溜的口感，味道有一点酸酸的。实际上，马齿苋富含有维生素、矿物质，以及 ω-3 脂肪酸等多种营养物质，是超级有营养的野菜呢，有一些地方，视马齿苋为常规的食用蔬菜哦。我记得曾在某家有名的美食网站上看到过马齿苋料理，无论是前菜、泡菜、色拉，还是意大利面，都用到了马齿苋这种食材。下次我们也不妨试试看吧！恍然想起，在我还不懂植物的时候，对马齿苋的印象大概只有“这种草好难拔啊”，但是了解过许多之后，不知不觉的，也会对这种植物涌现出好感呢。

24 蓟（属）

英文名 Formosan Thistle, Japanese Thistle

学名 *Cirsium japonicum* 菊科蓟属

蓟的花朵，也是集合很多小花的类型。
会变成种子。
筒状花
一旦有昆虫停在蓟的花朵上面，就会有很多花粉扑闪出来。
用手指轻轻地触碰蓟的花朵，花会动弹呢。
毛茸茸
毛茸茸
真的是这样呢！会动弹动弹！
好有趣呀！
花粉也跑出来了。
这边也有蓟的花朵！
好有意思呀！
这就是完全陷入花朵计谋的后果呢。
野蓟
花从春季开到夏季；
这里黏黏的。
刺儿菜
花期是夏季至秋季；
这里是扎扎的。
大蓟
花朵从夏季绽放至秋季；
全身带刺。
真的是有很多不同的种类呢哦！
花店的蓟
英文是Artichoke，叫作朝鲜蓟或者菜蓟。
好大一只哦！
这种是硬叶蓝刺头。
*它并非蓟属植物，而是蓝刺头属的。

刺儿菜，也称小蓟。

这是浑身长满刺的大蓟的花朵和果实。

菊科蓟属的蓟，是多年生草本植物。从城市的道路两端，到山村野外，我们都能够看到它们的身影。当然，蓟也有很多品种，其中不乏园艺类的品种。在春季开花的是野蓟，其他的蓟则是在春天到夏天开花为主。叶片上长刺是蓟的特点之一，但是也有不少品种不仅仅在叶上有刺，在茎部也长满了刺呢。在我们家附近生长着的蓟，我们仔细地辨别过，它们全身长满了刺，扎扎的，叫大蓟。碰到它们的时候皮肤会比较痛，着实难以去除，而且它们繁殖得很快。蓟的花朵和蒲公英一样，都是软绵绵的，种子的传播途径和方式也都是一样的。

25

百合

英文名 Lilies

学名 Lilium spp. 百合科百合属

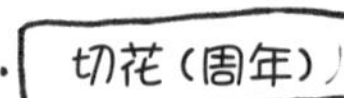

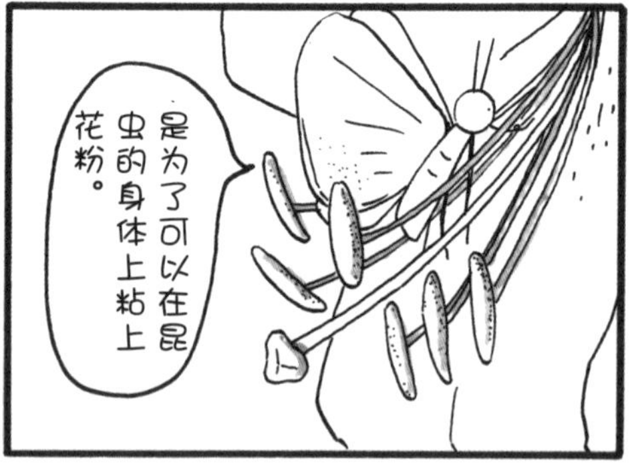

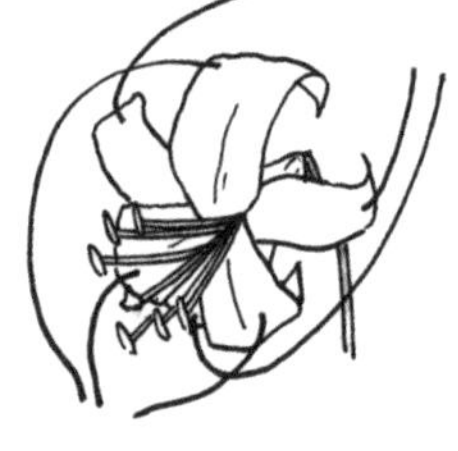

花蕾

外花被包裹着花瓣。

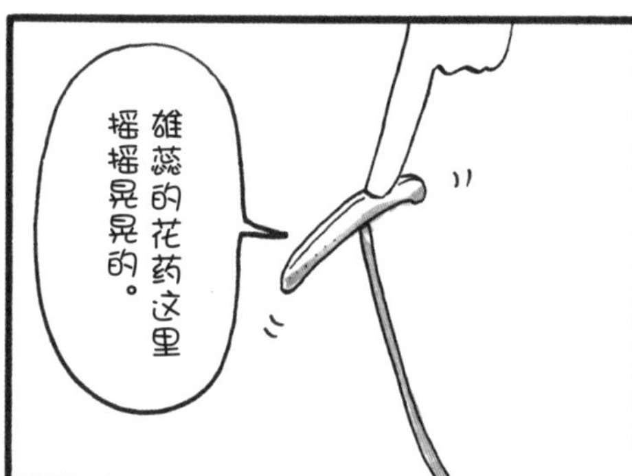

花店的百合花

盆栽的百合（初夏）。

球根

发出的新芽（春季）。

切花（周年）

香水百合

东方百合

LA百合

麝香百合

花朵向下绽开的，花瓣反向打开的，是卷丹，日本称为鬼百合。

姬百合的花朵，向上绽开。

花瓣上的斑点非常惹人注目，这种便是山百合。

百合，是百合科的多年生草本植物。在日本，我们既能看到野生百合，也能看到园艺百合，因为它确实有很多不同的品种。百合是通过球茎或者种子的形式进行繁殖，也有一些像鬼百合之类的品种，需要播种方可繁殖。自然生长的百合一般都是从初夏到秋季开花，园艺类型的切花，则是全年都能够在花店看得到，花朵华美，且花开得长久，香气怡人，所以非常具有人气。

百合的切花，可以大致分为如下的几类——东方百合花类、麝香百合类（又称铁炮百合）以及亚洲百合。其中，近年来人气不断上升的 LA 百合，是亚洲百合和麝香百合的杂交，可以划属到亚洲百合当中。虽然百合花的花粉容易散落，但是如果粘到皮肤上，用厨房的清洗剂或者是香皂便可很轻松地清洗掉，所以大可安心。

26

乌蔹莓

英文名 Japanese Cayratia Herb, Bushkiller, Yabu Garashi

学名 *Cayratia japonica* 葡萄科乌蔹莓属

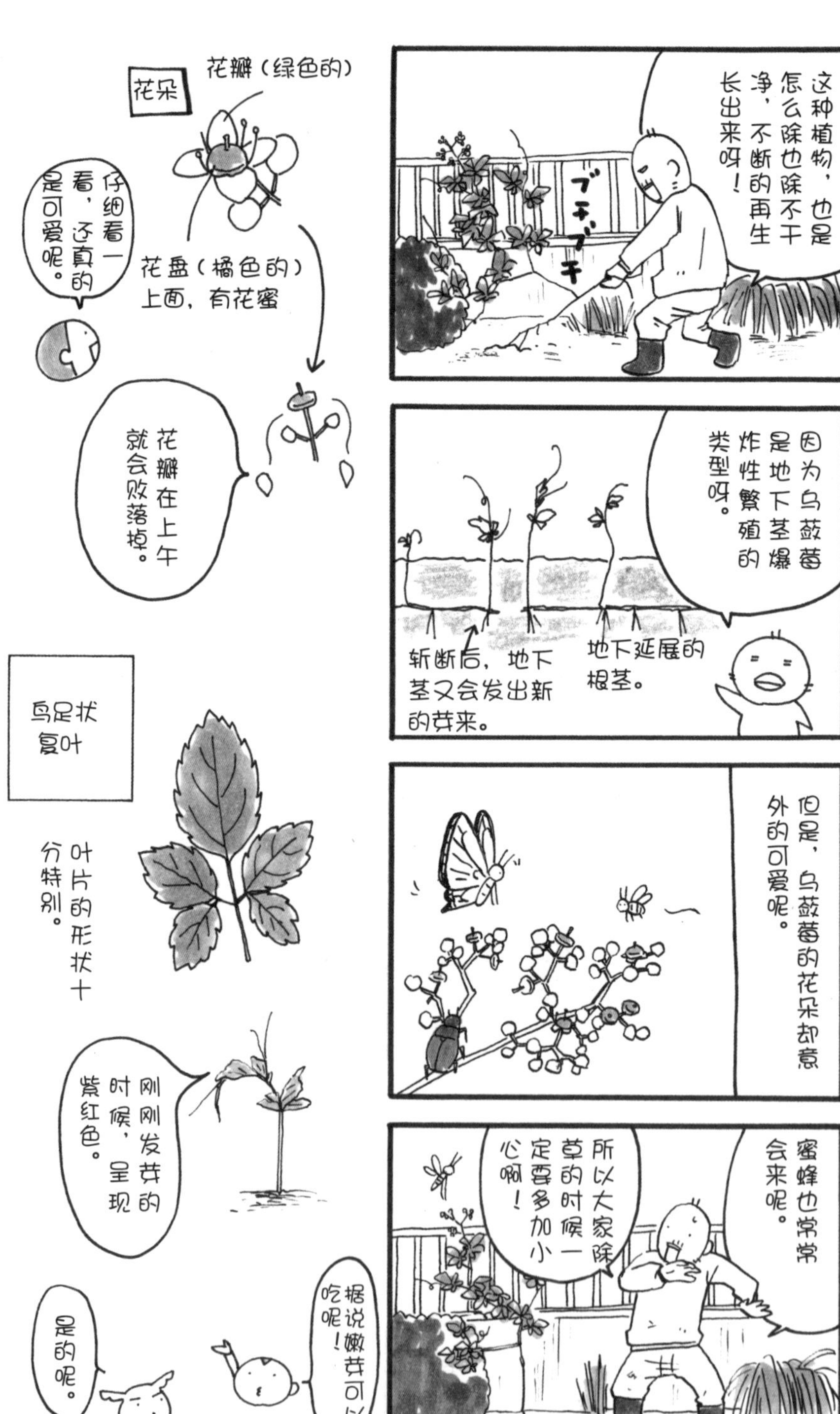

因为喜欢光照，乌蔹莓会压着一些低矮的植物或者草丛而向上生长。

绿色的花瓣和橙色花盘的搭配甚是可爱。

乌蔹莓是葡萄科的多年生草质藤本，在春季发芽，会覆盖到其他的植物上，以摧枯拉朽的气势不断地生长。藤本植物本身都是茎干细长的类型，因此自身不能直立生长，必须依附他物而向上攀缘，但也正因如此，所以会生长得很快，效率是超高的！虽然不少人都苦于夏季时节辛苦铲除乌蔹莓，但是到了夏秋交接的时候，乌蔹莓的小花朵便绽放开了，绿的花瓣向下翻扣着，露出橙色的花盘，着实是可爱娇俏。而乌蔹莓的花蜜，也非常受昆虫们的喜爱，蝴蝶、蜜蜂、金龟子、蚂蚁等各种小生物都会来访，观察它们忙碌采蜜的样子，也是格外有趣的呢。但是观察的时候，还是要多多当心马蜂和长脚黄蜂这些危险蜂类。

其实，我们也是在附近除草的时候，偶然发现乌蔹莓的花朵这么可爱的。这个经历真是太新鲜了，我们都被这样的小花深深地吸引住了呢。

27 狗尾草

英文名 Bristlegrass, Foxtail

学名 *Setaria spp.* 禾本科狗尾草属

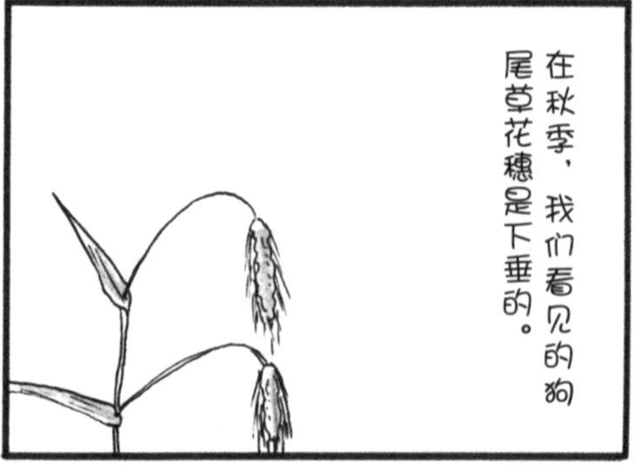

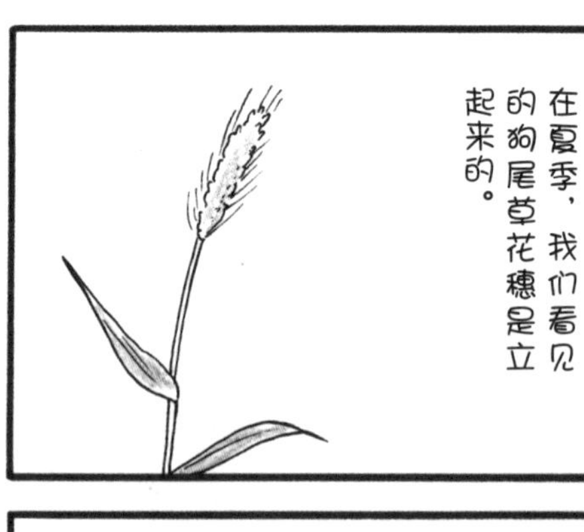

秋季狗尾草花穗的毛毛呈黄色，看起来像是金色的。

秋季之外的狗尾草的毛毛是绿色的。

狗尾草是禾本科一年生的草本植物，在日本全国各地都能见到，它们高 40~50 厘米。夏季，会长出约 5 厘米的花穗，也就是我们常用来逗猫咪玩的毛毛狗。在饥荒的时候，狗尾草好像也被当作谷子的原种，被食用过呢。虽然颗粒很小，但是集合在一起后下咽还真的是不容易呢。也有花穗向下生长的狗尾草类型，这种类型的狗尾草的花穗更大一些，也生长得更高一些。此外还有花穗偏紫红色的狗尾草，叫作紫穗狗尾草。这种的花穗会小一些，但是也是生活中很常见的品种。而在花店中售卖的，好像是专门逗猫咪玩的那种有着红色花穗的植物，更像是“猫尾巴”，这其实是另外一种属于唇形科的多年生的草本植物，叫作佛光草，和狗尾草是全然不同哦。

28 升马唐

英文名 Tropical Crabgrass, Southern Crabgrass

学名 *Digitaria ciliaris* 禾本科马唐属

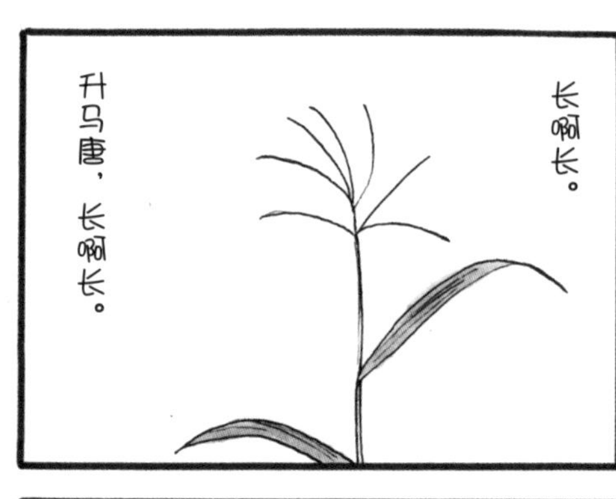

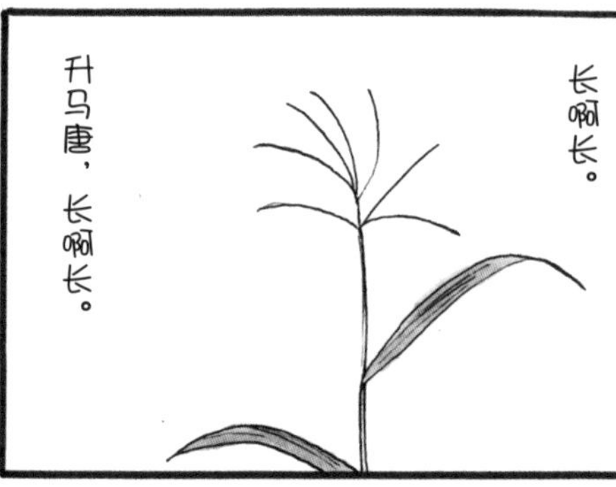

牛筋草，和升马唐长得可以说是十分相似了。

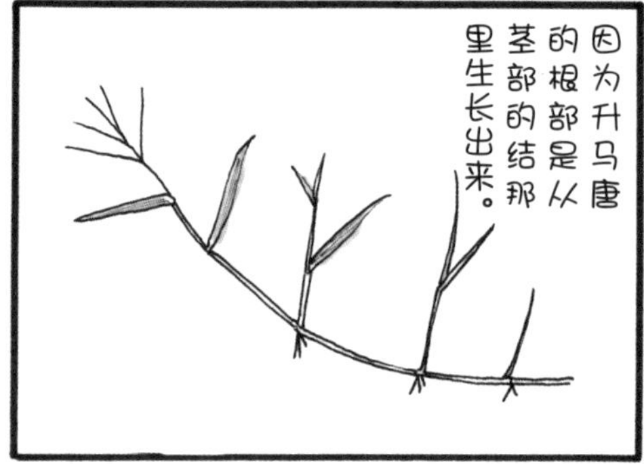

升马唐茎部尖端呈放射状，在上面生长着花穗。叶片的背面以及叶鞘上面生长着很多毛毛。

在日本各地都可以看到野生的升马唐，它们是禾本科的一年生植物，而且和毛毛狗一样，是夏季野草当中的佼佼者，从夏季到秋季，都会生长着纤细的花穗。因为升马唐的根是从节间生长出来的，所以他们的繁殖力惊人，感觉很快就能够生长出许多新的植物，因此，在除草方面需要颇下功夫才行。而且升马唐这种植物，耐高温、耐干燥，也无畏强烈的光照，在生长过程中还会释放出抑制其他植物生长与繁衍的物质，所以它们具有极强的生命力，是优良的牧草，但也是果园、旱田中危害庄稼的主要杂草。

另有一种植物，外观与升马唐十分相似，具有纤细的花穗并且株形相对小一些，它便是牛筋草。也不知道为什么，我们家的猫咪在夏季的时候会很喜欢升马唐的叶子，经常自顾自地吃起来，看它吃的样子，仿佛升马唐比猫粮、猫草还要美味。其他的禾本科植物，譬如狗尾草、牛筋草之类的，它却完全都不食用，按理来说应该味道不会有多大的差异呢。当然也是托猫咪的福，我们全然不担心家中的花园中会长出升马唐这种杂草了。

29 北美一枝黄花

英文名 Tall Golden Rod, Yellow-weed, Yellow-top

学名 *Solidago altissima* 菊科一枝黄花属

北美一枝黄花，在晚秋时节，会以黄颜色的花朵吸引昆虫前来。当然，为求花蜜的昆虫，确实也都会提前报到。

筒状花的周围，生长着舌状花。

北美一枝黄花在冬季时枯萎的样子。

充分生长的北美一枝黄花，要比人的身高还要高，到了秋天，会绽放黄色的花朵，因此而得名，是菊科的多年生草本植物。北美一枝黄花也长着和蒲公英一样的软软的毛毛，可以随风飘散，传播繁衍。虽然北美一枝黄花本是明治时期因为用于观赏而引进日本的花卉，但是后来，这种植物以惊人的生命力和爆发式的增长速度繁殖，成为归化植物。在花店里摆放着北美一枝黄花的画面，在现在看来简直是难以想象的。据《花与树的事典》（植物文化研究会编，木村阳二郎指导，柏书房 2005 年发行）记载，北美一枝黄花大面积增多，是 20 世纪 60 年代的事情了。

30 鸡矢藤

英文名 Chinese fevervine, Skunkvine

学名 *Paederia foetida* 茜草科鸡矢藤属

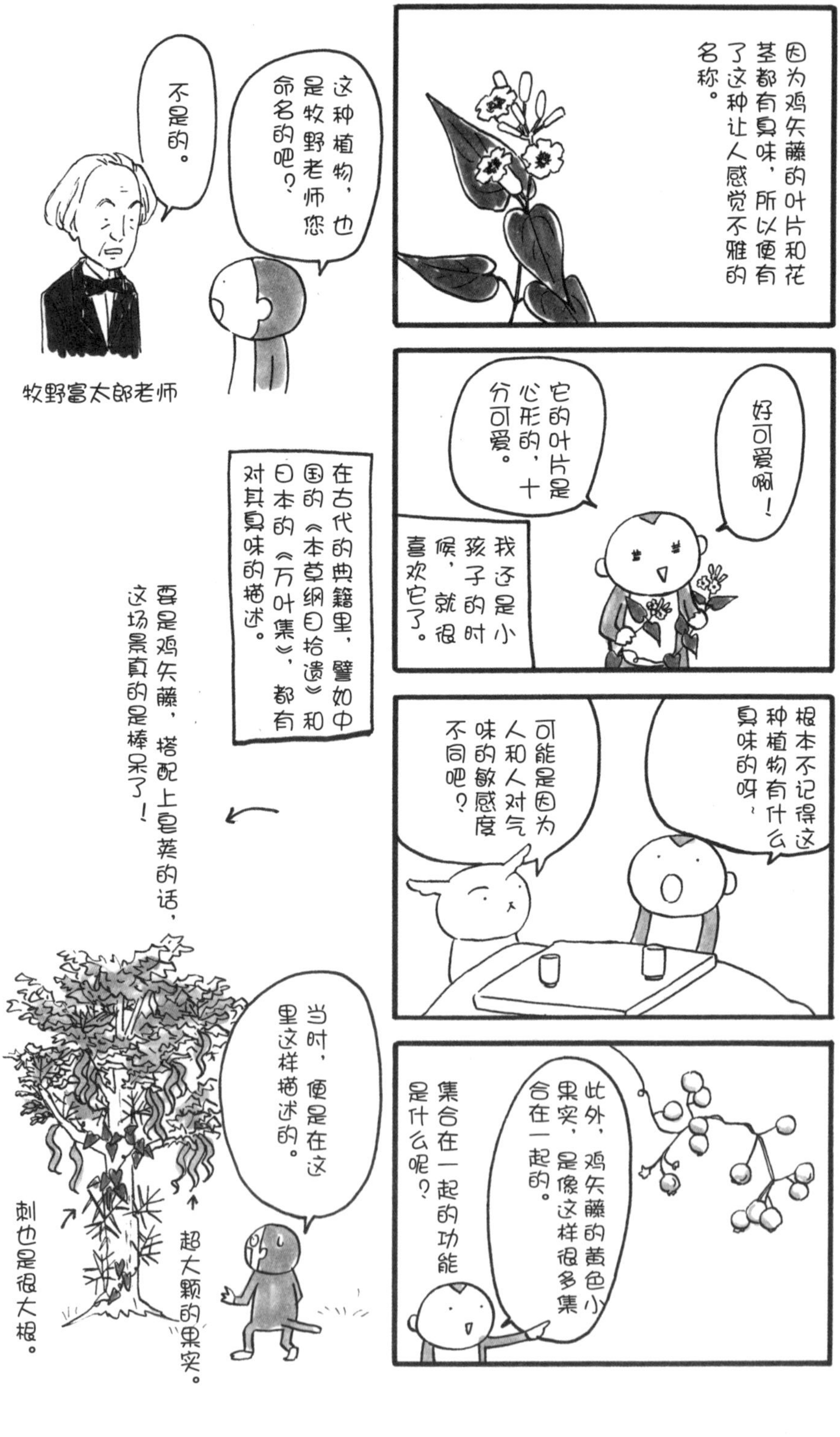

因为鸡矢藤的叶片和花茎都有臭味，所以便有了这种让人感觉不雅的名称。

好可爱啊！

它的叶片是心形的，十分可爱。

我还是小孩子的时候，就很喜欢它了。

根本不记得这种植物有什么臭味的呀～

可能是因为人和人对气味的敏感度不同吧？

此外，鸡矢藤的黄色小果实，是像这样很多集合在一起的。

集合在一起的功能是什么呢？

这种植物，也是牧野老师您命名的吧？

不是的。

牧野富太郎老师

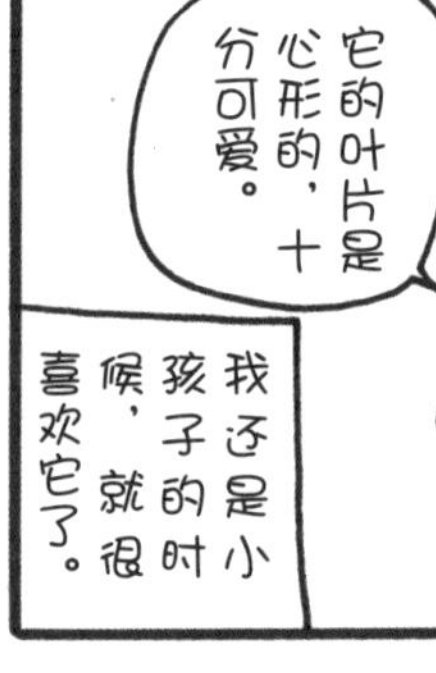

在古代的典籍里，譬如中国的《本草纲目拾遗》和日本的《万叶集》，都有对其臭味的描述。

当时，便是在这里这样描述的。

要是鸡矢藤，搭配上皂荚的话，这场景真的是棒呆了！

超大颗的果实。

刺也是很大根。

鸡矢藤是藤状灌木，叶子对生，呈心形或者卵形，有时候也会出现纤细形状的叶片。

如果不触碰它的话，不会有气味释放出来。

鸡矢藤是茜草科的多年生植物，在日本也是随处可见的植物之一。从夏季到秋季，哪怕是空地上，也可能生长着鸡矢藤，它们的花朵有红色的花蕊，显得别致、可爱。即便这样，它们的学名还是让人觉得十分不雅。其实是因为，它们的叶片和花茎具有臭味，但如果不触碰它们，也就不会释放出这样的气味。在我还是小孩子的时候，因为喜欢这种植物，所以经常触碰它们，却全然不记得有什么特别的气味，有可能是因为人与人对气味的感知不同吧，也有可能，是因为有回忆滤镜，让记忆中的它们总是比较美好。

很久以前，我就知道像在《万叶集》这样的典籍中，有记录鸡矢藤的诗词。虽然这种植物是我们日常生活中经常见到的，但是想到原来它们在那么久远的过去就存在着，便会觉得十分神奇。如果把这样的植物，和北美一枝黄花组合在一起，再结合它们在日本的故事背景，便会觉得这种组合别有一番风味。

31 彼岸花

英文名 Red Spider-lily
学名 *Lycoris radiata* 石蒜科石蒜属

花

春日，在其他草木萌生的时候，彼岸花的地上部分（叶子）反而开始枯萎。

也有人，过着这种感觉的人生啊。

花福花店笔记

在花店中，不仅有切花的形式，也有盆栽的曼珠沙华在售。

我们店里也曾经上架过专门用来繁育彼岸花的花盆呢。

彼岸花的雄蕊和雌蕊都纤长且色彩浓郁，非常引人注目。

别名有乌蒜、曼珠沙华、无义草、龙爪花、石蒜等的彼岸花，属于石蒜科。它们会在秋季开花，在花朵凋零后，彼岸花的叶子才会生长出来，于是在接下来的冬季，叶子茂密地生长。反而是到了春日，彼岸花地上的叶子却枯萎下去。彼岸花虽然能结出种子，但大多是通过球形鳞茎来繁殖的。因此，我们所见到的彼岸花，要么是人工种植的，要么是搬运土方的时候，土里边含有它们的球状茎，无意间帮助了彼岸花传播。彼岸花是具有特别遗传因子的克隆植物，因此彼岸花的花朵大小一致，也会在同一时期绽放，具有相似的特质。

彼岸花的球状茎中含淀粉，所以在过去的饥荒年代，它们又被当作赈灾植物而种植。但是彼岸花的球状茎当中含有毒素，需要将毒素去除后才能食用，这又是一道非常繁杂的工序呢。基本上，彼岸花会比彼岸时节早一点开花（译者注：“彼岸”是佛教用语，指另一个世界——西方极乐世界，也是抛却一切烦恼顿悟的境界。和日本自古以来的祖先信仰相契合，于是便产生了“彼岸日”。在日本，春分及前后各三日的一周时间为“春彼岸”，秋分及前后各三日的一周时间为“秋彼岸”，在日本“彼岸时节”是祭祖、扫墓的时节。）但是在 2012 年的时候，大概到 9 月末它们才开花，当时我们便感慨：“今年的彼岸花开花真晚呀！”也不知道今年的彼岸花，会花开何时。

32

胡枝子

英文名 Shrub Lespedeza

学名 *Lespedeza* spp. 豆科胡枝子属

来看看胡枝子的多种用途

日式房屋茶室的天花板

庭院的篱笆

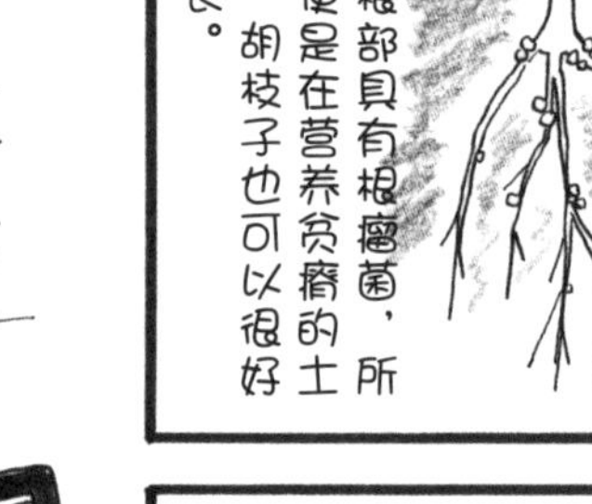

胡枝子也是豆科的，具有蝴蝶形状的花冠。

7月份花札

用作工艺品的点缀图案

中秋之夜的芒草和胡枝子

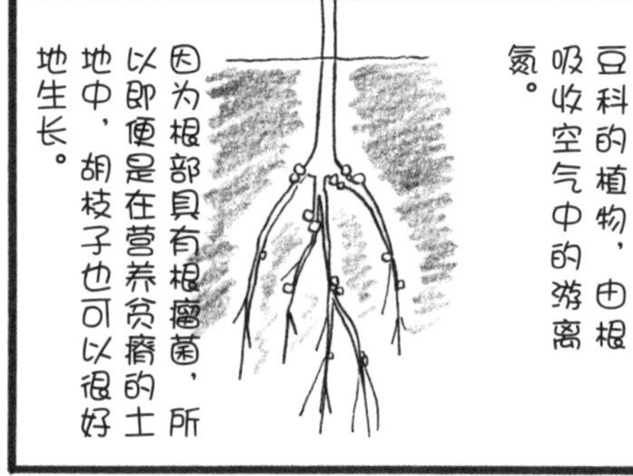

在日本本州以南，广泛生长着野生的兴安胡枝子，其特征是旗瓣的内侧和龙骨瓣呈现发白的颜色。

胡枝子，是豆科胡枝子属直立生长的灌木的总称，是日本的“秋季七草”之一，并且品种丰富，譬如达呼里胡枝子、多花胡枝子、美丽胡枝子等，在全日本都有野生胡枝子生长着，它们的花朵会从夏末绽开至秋天。胡枝子以前是非常受欢迎的花，在《万叶集》当中，便有多达 141 首咏诵胡枝子的词句，是《万叶集》当中咏诵率最高的植物了，譬如“秋花与尾花，石竹葛花加，藤袴朝颜外，女郎花不差”等。而作为园艺类植物，胡枝子在日本也极具人气，无论是在日式庭院里还是在公园里，经常能见到它们美好的姿态。此外，胡枝子还具有很多的用途，譬如作为和服以及腰带上的图案，或者是食器上的图案等，很多工艺品的纹路灵感也都来自于胡枝子。

我们家阳台上的盆栽花卉里，也长出了胡枝子。这是谁传播过来的呢？这株胡枝子会开出什么样的花呢？每当想到这些问题，我的心中都会充满期待。

另外，大家都知道在山口县，有一个地方叫作“萩市”，在这个地方有一座山，山上长满了野生的胡枝子，据说这个地方名字的由来，便是这些胡枝子，因为胡枝子的别名正是“萩”。

33 芒草

英文名 Chinese Silvergrass, Maiden Silvergrass

学名 Miscanthus sinensis 禾本科芒属

来看看芒草的多种用途

用于编制大的茅草轮

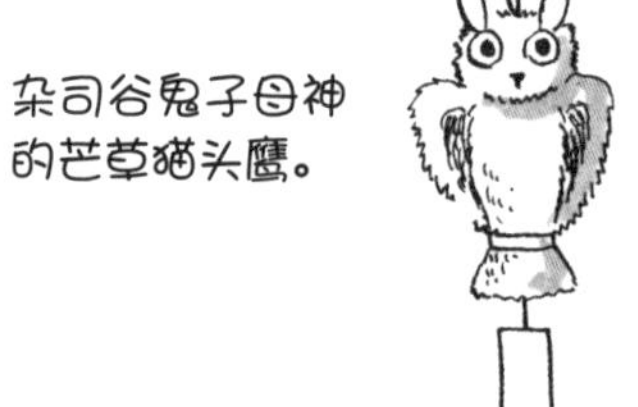

杂司谷鬼子母神的芒草猫头鹰。

8月份花札。

芒草花店

潘帕斯草（蒲苇）也有切花品种。

花叶芒

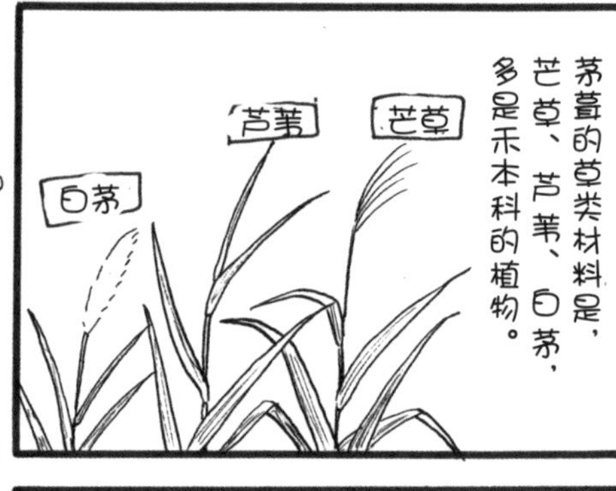

茅葺的历史十分的古老。
从日本的绳文时代开始，便已经被人们所运用了。
这些是弥生时代的竖穴式房屋。

从夏季到秋季，芒草花茎的头部会分出十几个分支，由此生长出花穗。

也有红色花穗的品种。

芒草是禾本科的多年生草本植物，在日本的各地都能见到野生的芒草，在河道、山野中，都有大片的芒草生长着。在东京市内的空地或者空闲的庭院，以及墓地等地方，也都多有生长。在春季，芒草发出新芽，经过夏季到了秋天，花穗生长出来，草的高度能达两米。作为日本“秋季七草”之一的龙胆白薇，便是芒草的别名。而且在日本的中秋月圆之夜，赏月时一定要有的花材，也是芒草呢。在我们年幼的时候，会为了赏月而到河边去采摘芒草，而现在，芒草已经是很多花店的座上客了。

而近年来，花穗比芒草更大、更飘摇的潘帕斯草（蒲苇），非常具有人气。在秋季，无论是切花还是盆栽，都非常飘逸好看，有非常多的品种在花店售卖。无论是芒草也好，还是潘帕斯草也好，一经种植，很容易横向纵向繁衍开来，所以在选择种植地点的时候，还是慎重些比较好。

34 野菰

英文名 Indian broomrape

学名 *Aeginetia indica* 列当科野菰属

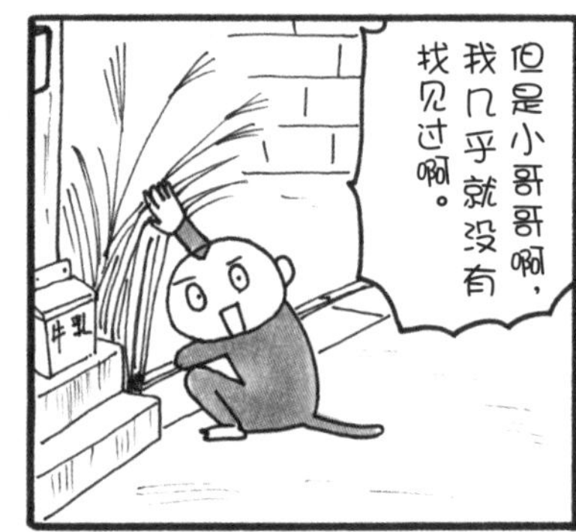

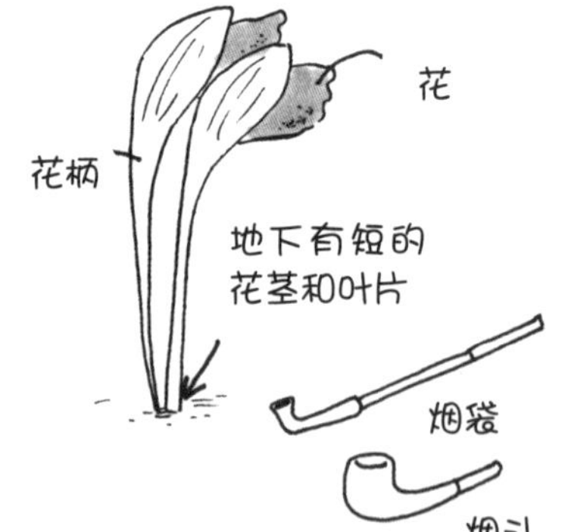

野菰的花朵在花萼的包裹下绽放，筒状的花朵，五片花瓣。

寄居芒草而生的野菰。

这个角度看上去，和烟管十分相像。

野菰花这种一年生的寄生草本植物，会在其他植物，譬如芒草、甘蔗等植物的根中寄生。从夏季到秋季，野菰会开出烟管形状的花朵，在《万叶集》当中，将野菰称为“相思草”，后来，在香烟和烟斗被传到日本后，野菰在日本才有了“南蛮烟管”的名字。在一些图鉴中会介绍，日本各地都有野生的野菰，但是现在野生的已经很少了（平时并没有见到过野生的野菰呢），好像大多数我们所能见到的，都是在植物园里，经过人工采集种子和进行培育的野菰。可能是过去有很多野生的吧。我在我们家附近，每当看见芒草，总会前去好好寻找一番，看究竟有没有寄生着野菰，但是一次都没有找到过。希望能有一天，在路边的芒草里也可以邂逅野菰。

35

葛

英文名 Kudzu

学名 *Pueraria montana var. lobata* 豆科葛属

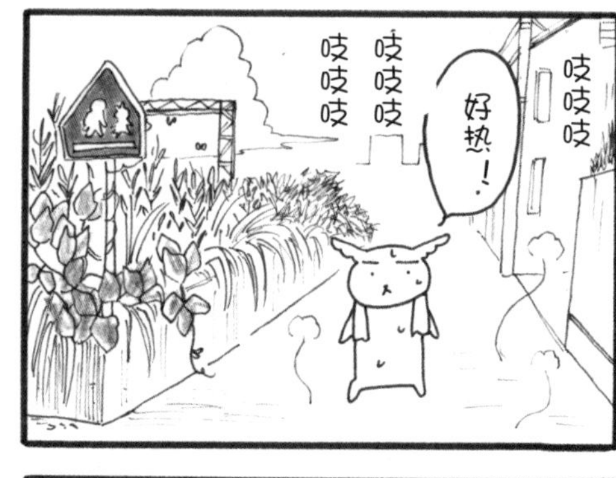

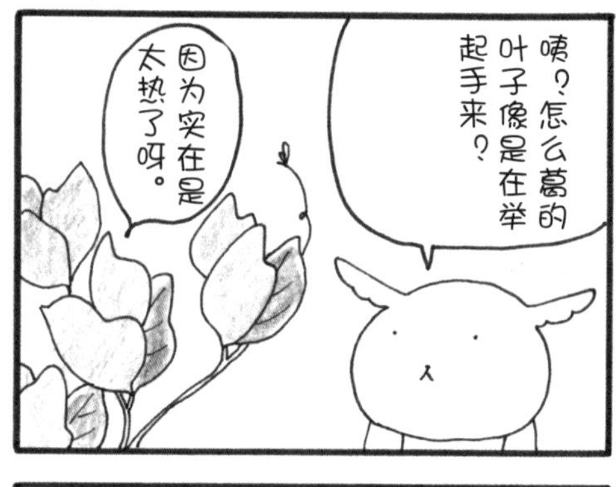

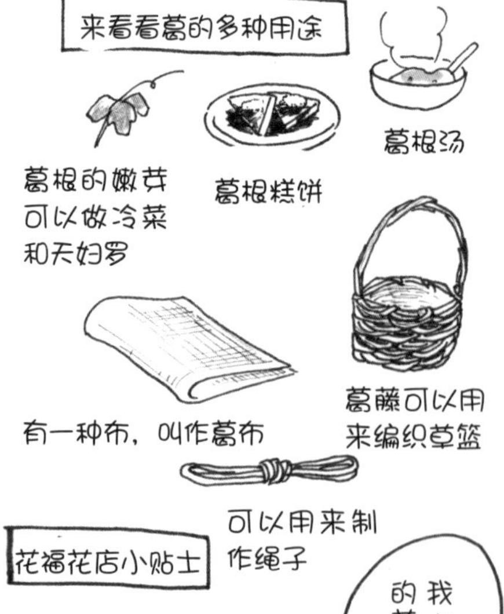

花福花店小贴士

我们有葛根制的花环底托哟

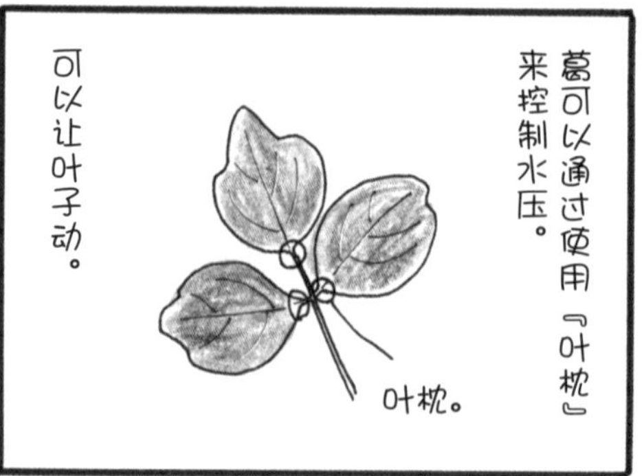

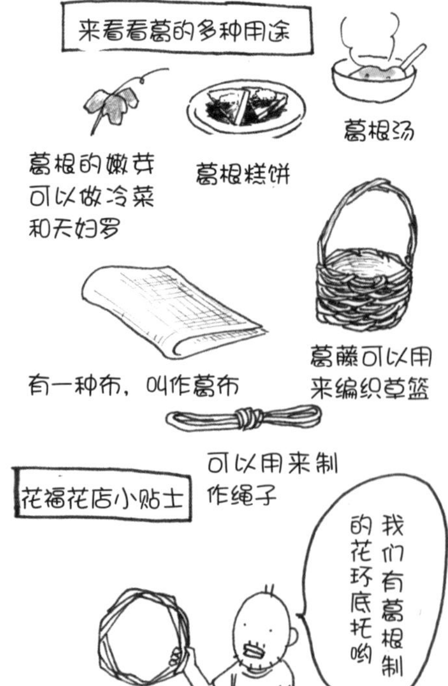

葛的花朵，从花序的下面开始按照顺序开放。蜜标位于旗瓣的中心，用香气吸引昆虫前来。

生长茂密的葛覆盖住整个墙面。

葛的花序，从叶腋开始，向上绽放。

葛的叶片和短藤蔓。

葛是很有名的一种中药药材。葛是豆科葛属的多年生植物，并且是日本的“秋季七草”之一。在河岸或者是空地上，都可以见到它们的身影。美国的葛最早是从日本引入的归化植物（译者注：美国最早于1876年在费城百年纪念博览会上从日本引种葛根，1948年又有叶培忠教授从中国天水将野葛引种到美国），但是因为繁殖力实在旺盛，所以现在葛成为需要铲除的对象。在某个植物园中，甚至是“秋季七草角”里，都没有种植葛。从葛根部，可以提取出葛根淀粉，用于制作葛根糕饼、葛根汤，干燥之后的根部，还可以成为葛根泡浴的原材料。而葛的藤蔓，则可以用来制作绳子，葛的纤维又可以用来制作布，总之，自古以来，葛是有特别多用途的植物。而且葛花的香气芬芳，所以会有很多昆虫造访。甚至它们的叶片，也都很受象鼻虫和椿象的欢迎呢。

36 瞿麦

英文名 Fringed Pink, Large Pink

学名 Dianthus superbus 石竹科石竹属

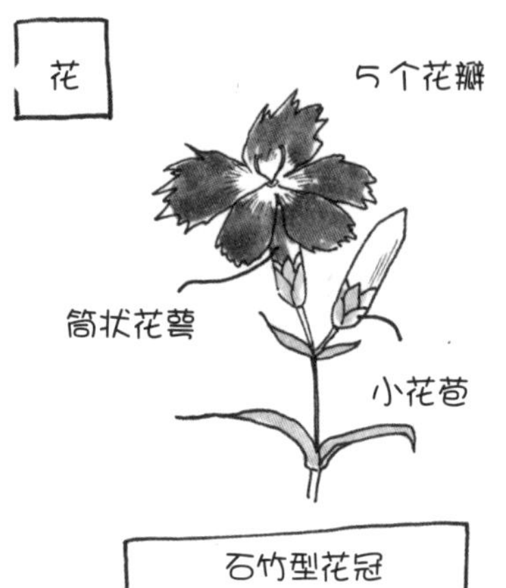

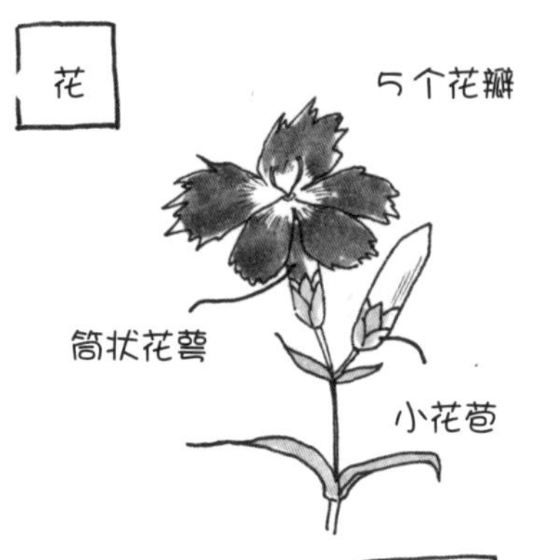

石竹型花冠

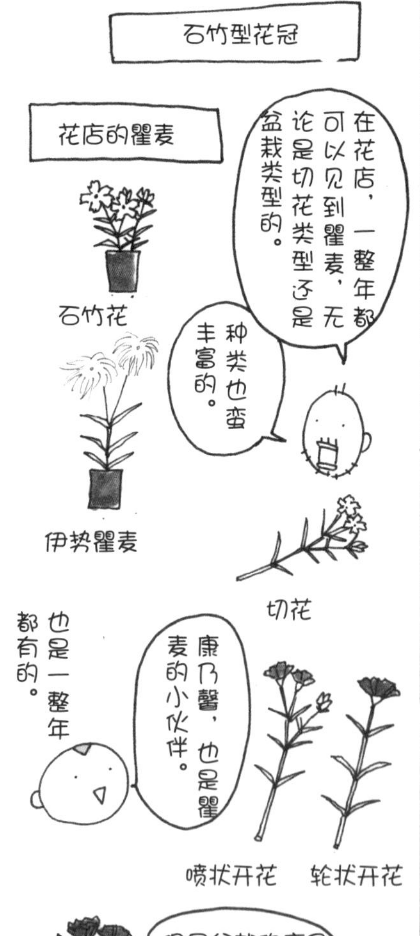

河原瞿麦的花瓣像是纤细的线绳绽裂那样，茎部非常细，一副楚楚可怜的样子。

伊势瞿麦。

瞿麦，是石竹科的多年生草本植物，也是日本“秋季七草”之一。不仅仅有野生品种，也有许多园艺类品种。如果单说“瞿麦”的话，在日本，多数是指“河原瞿麦”，日文中的别名还有“大和抚子”（译者注：“大和抚子”是一个日本文化的形容用语，并不是一个人的名字。代指性格文静矜持、温柔体贴、成熟稳重并且具有高尚美德气质的女性，类似于中国的贤妻良母。大和抚子型女子通常被看作是“理想女性的代表”或典型的纯粹女性美）。同属于石竹科的，还有石竹花，又叫唐石竹，总之品种很多，且名字多有相似，所以有些复杂。

很多瞿麦都是一年四季都开花的类型，所以盆栽的品种在花店也是全年可见的，切花的话则多是在春季。插上瞿麦的枝芽，很容易就可以发芽，尤其是在光照好的地方，更是容易看到它们旺盛的生命力。康乃馨也是与瞿麦同科的小伙伴，在花店也是全年可见的类型，但是盆栽的康乃馨，只有在每年的母亲节前后才能够见到，所以你想要盆栽康乃馨的话，不要错过这个季节哦。

37 败酱

英文名 Patrinia

学名 *Patrinia scabiosifolia* 败酱科败酱属

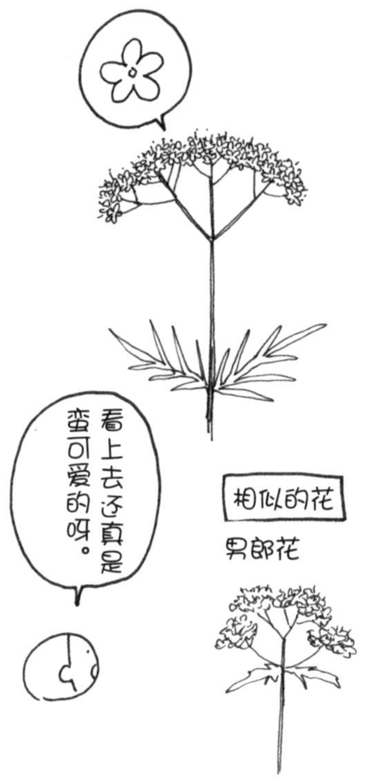

相似的花

男郎花

开出的是白色的花，比败酱的花要粗犷一些的样子。

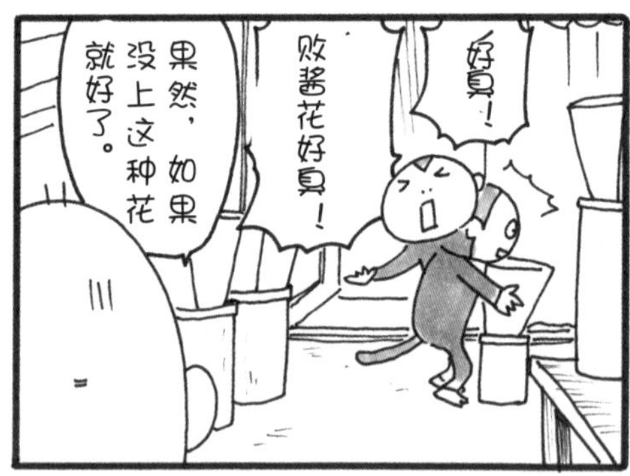

花福花店笔记

败酱的学名是 Patrinia scabiosaefolia。

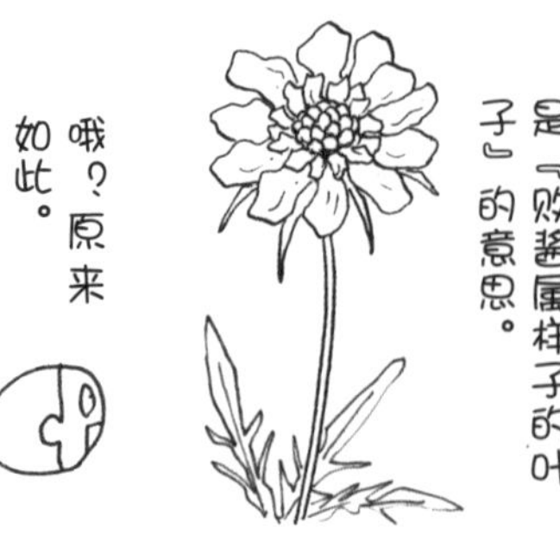

败酱比起男郎花（白花败酱），叶子深裂，花茎也更加纤细，整体而言都有更纤弱的感觉。

男郎花的花朵是白色的。

败酱，也是日本“秋季七草”之一，为败酱科的多年生草本植物，在日本，它被叫作“女郎花”。草高可达 1 米左右，在日本各地阳光充足的地方，都生长有野生败酱。从夏季到秋季时节，它们会绽开黄色的小巧花朵，而风干之后的败酱，又是极好的中药材料。关于它名字的由来众说纷纭，在日文中，败酱的名字汉字写作“女郎花”，有“美貌胜过美女”的意思。【译者注：中文中，“败酱”的由来，是因为其根部具有陈旧腐败的气味。】在日本，阴历七月又有“女郎花月”的美好称呼。

可是谁能想到，这种楚楚动人、具有秋日飒爽感觉的花，却有着独特的臭味。如果把鼻子靠近败酱，那股气味会扑鼻而来，如果在室内的话，这种味道会更明显，所以一定要多加注意。盆栽败酱多是在夏季到秋季上架，切花则主要出现在秋季。

38 泽兰

英文名 Fragrant Eupatorium

学名 *Eupatorium japonicum* 菊科泽兰属

花

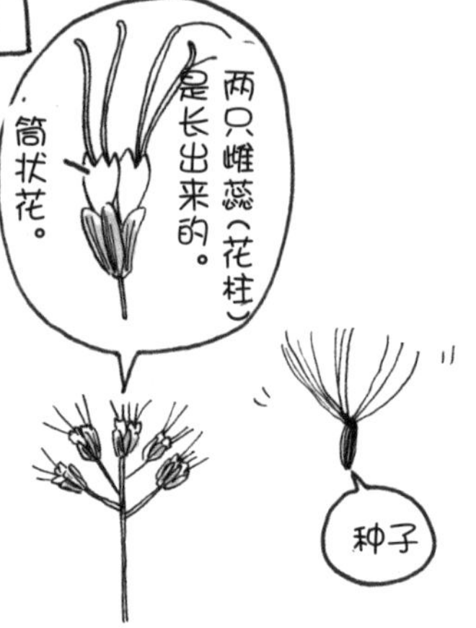

两只雌蕊（花柱）是长出来的。筒状花。

种子

昆虫们十分喜欢泽兰花

蓝色斑蝶

豹纹蝶

花福花店笔记

盆栽的泽兰花，主要在秋季上架。

野生的泽兰，据说可是濒临灭绝的物种呢。

在花店出售的，都是园艺品种呀。

野生的泽兰，叶子风干后会有很好闻的气味，你知道吗？

泽兰花的香气不也很好闻嘛~

好香好香好香。

这真是很香。

很快就会招来虫子的！

五个筒状花集合在一起，成为泽兰的头状花。看上去像丝线的是雌蕊。

靠近泽兰时，可以闻到花香。

泽兰，是菊科的多年生草本植物，同样属于日本的“秋季七草”，植株可高达1~2米。在春季，泽兰发出新芽，到了夏末至秋季的时候，绽放出花朵；冬季，泽兰地上的部分便会枯萎。泽兰的种子，也和蒲公英一样，生长着细细的软毛，可以随风飘散开来。从前，在日本的关东以西地区，野生泽兰花是常见的植物，但是现在因为生长环境的变化，导致野生泽兰锐减，成为日本濒临灭绝的物种之一。在花店我们能够看到的泽兰，基本上都是园艺品种了。泽兰的叶片风干后便有宛若樱花糕饼那样的香气，基本上只要不被打湿，就可以有樱花糕饼那样的香气，因此也有很多昆虫非常喜欢泽兰。只要把泽兰花摆放在店里，马上就会有蝴蝶前来，速度之快超乎人的想象。泽兰的盆栽从夏季到秋季，都能够在花店买到哦。

39

桔梗

英文名 Balloon Flower, Chinese Bellflower

学名 *Platycodon grandiflorus* 桔梗科桔梗属

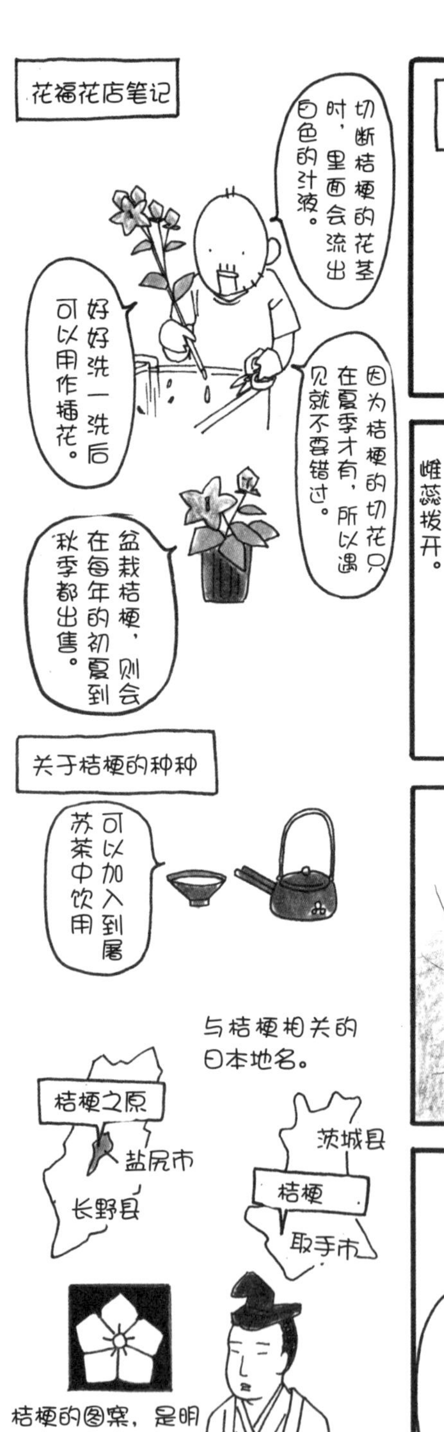

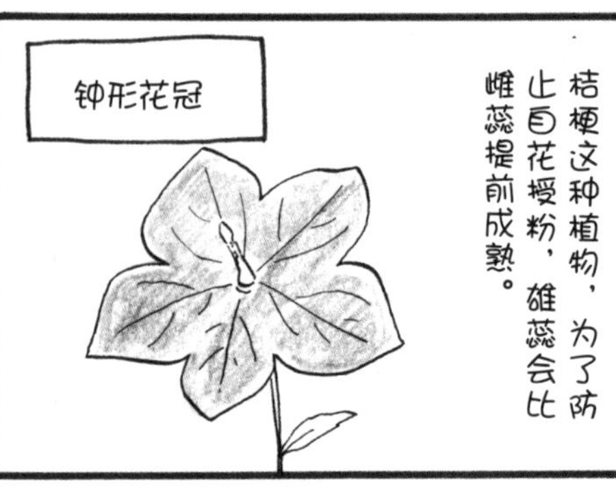

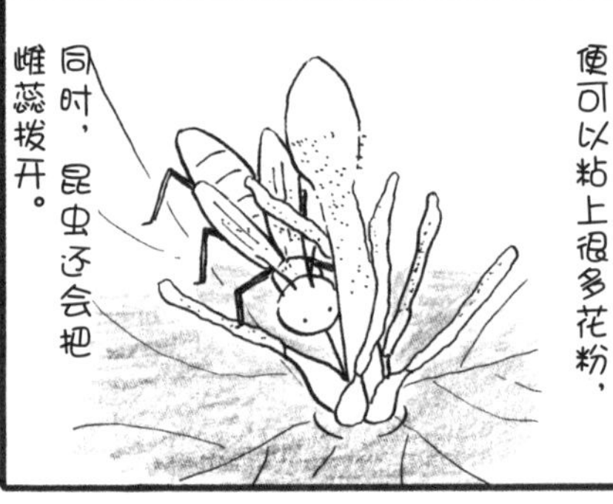

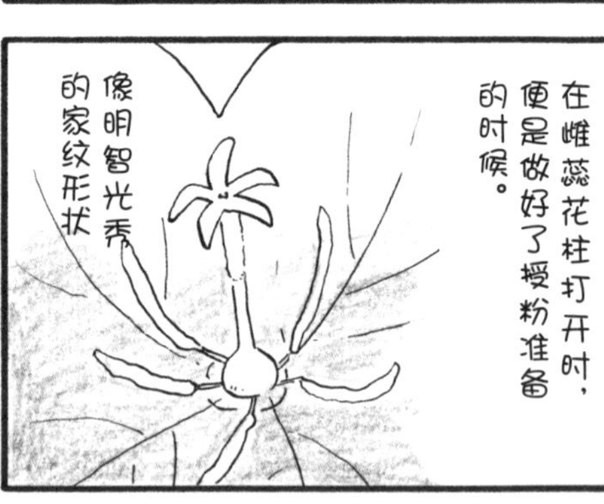

在桔梗花刚刚绽开的时候，雄蕊会贴在花柱头上。

圆润饱满的桔梗花蕾十分可爱。

桔梗是桔梗科的多年生草本植物，是日本的“秋季七草”之一。草高可达 1 米，在春季发芽。星星形状的花朵从夏季到秋季得以绽放。到了寒冷的时节，桔梗的地上部分便会枯萎，以挨过冬季，翌年春季再发出枝芽。在过去的日本，各地的山野中都能够看见野生的桔梗，而现在已经开始减少。桔梗也有许多品种，有的开白花，有的开粉花，当然在园艺品种中，也不乏多重开花的类型。如果你栽种一次桔梗，你会发现它根本不需要花费什么时间或者精力便可以年年按时绽放花姿。如果切断桔梗的茎部，会有白色的汁液流出来，所以在进行插花之前，一定要好好地清洗切断的花茎部分。

从春季到秋季，市面上都会有盆栽的桔梗售卖，但是桔梗切花只有初夏才能见到，所以到时一定不要错过，否则还要等上一整年。此外桔梗的根部是极佳的中草药，具有止咳祛痰、宣肺、排脓等功效。山上忆良的和歌中出现的“朝颜之花”，指的便是桔梗的花了。

40 黄花油点草

英文名 Japanese Toad Lily, Tricyrtis Pilosa

学名 Tricyrtis maculata 百合科油点草属

杜鹃鸟

黄花油点草的种子从我们家的阳台（位于三层）上飞了出去，所以在一层，也有黄花油点草。

花福花店笔记

也有黄色或者是白色花朵的品种。

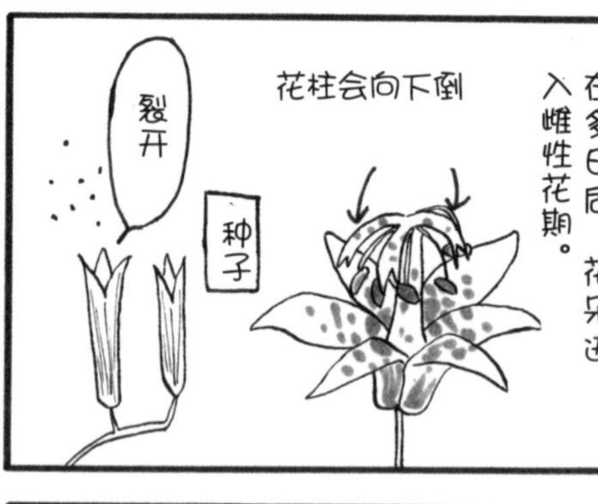

黄花油点草

黄花油点草

黄花油点草

黄花油点草原产自日本，是多年生草本植物，草高 30~80 厘米。多生长在山野中、树林间、悬崖上等阴郁或者潮湿的地方。进入冬季，黄花油点草的地上部分便会枯萎，春季发出新芽，到了秋季，造型独特的花朵便一个接着一个地绽放开来。在夏季，黄花油点草毫不起眼，但是一旦开花，便非常引人注意。黄花油点草花朵上的斑点，有的是粉红色的，有的是紫红色的，在秋季，如果去山里的话，会看到它们绽放的姿态。黄花油点草由散出去的种子进行繁衍，所以在东京都内也可以见到一些野生的黄花油点草。近些年来因为气候变化，冬季也比过去暖和，所以有时候黄花油点草的花可以一直开到 12 月份。盛夏时节，如果黄花油点草接受太阳光直射的话，叶子会很容易干枯，所以要注意给予它们半阴的环境哦。

41

地榆

英文名 Great Burnet

学名 *Sanguisorba officinalis* 蔷薇科地榆属

在某植物园中的故事

地面培植的地榆，我还是第一次见到呢。

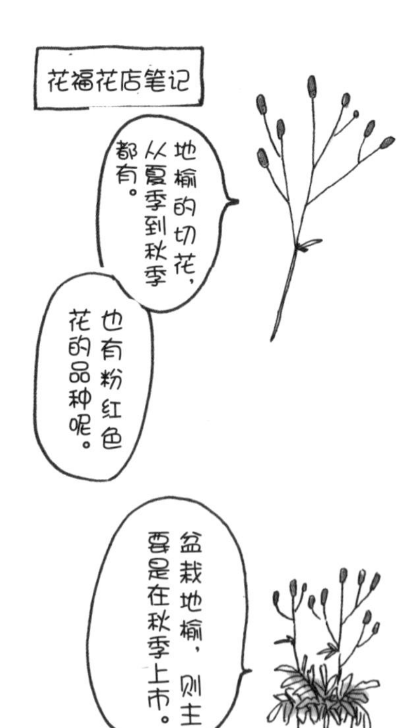

真漂亮呀。

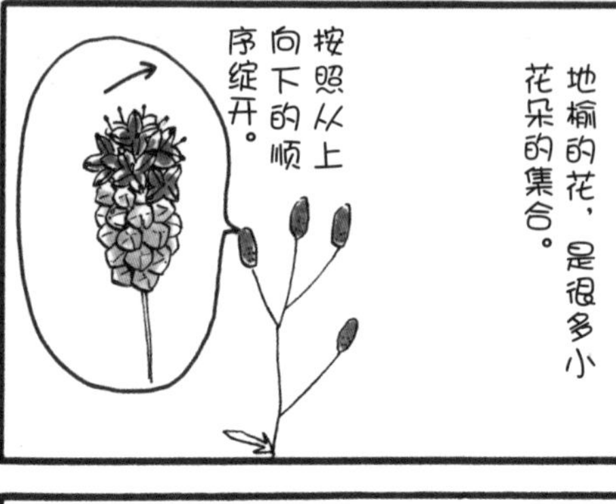

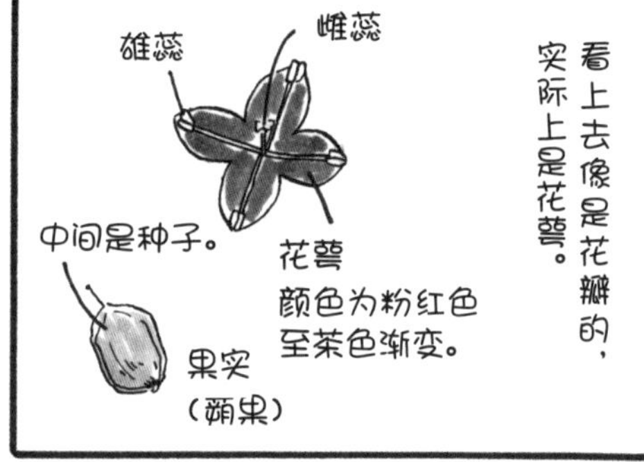

花福花店笔记

盆栽地榆，则主要是在秋季上市。

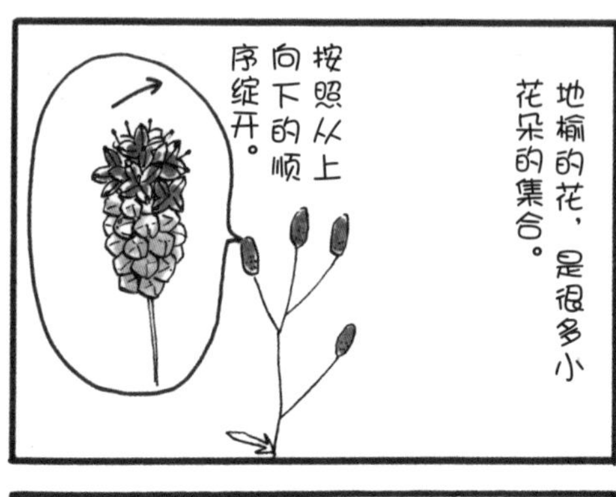

地榆的花朵是很多小花的集合，上方是雌蕊的根部，因为充满了果实，显得饱满而膨胀。

花茎的前部生长着花穗。

地榆是蔷薇科的多年生草本植物，在日本各处的山野间都有野生的品种。在春季，地榆发芽，夏季和秋季间，则会生长出红茶色的花穗，高度可达 1 米左右。冬季时节，地榆地面上的部分便会枯萎，以挨过寒冷。地榆花的花序是从顶花开始向下绽开的。这样的开花方式，叫作有限花序，反之，由下向上绽开的类型，便叫作无限花序。

在日文中，对地榆的称呼有“吾木香”“吾亦红”“割木瓜”等，正如俳句诗人高滨虚子曾咏诵地榆“如吾亦红，定静默然”，在日本的短歌和俳句当中，描述地榆这种植物时，多使用“吾亦红”的字眼。作为非常具有秋日风情的植物，在插花领域，地榆也是非常具有人气的植物。但是地榆花容易脱水，所以一旦脱水，需要先让其回到湿润环境中，让其恢复元气。

42 金线草

英文名 Jumpseed, Virginia Knotweed

学名 *Antenoron filiforme* 蓼科金线草属

即便金线草的花枯萎了，雌蕊也会留在外面，形成像是钩子那样的状态，非常方便挂在动物的毛上。

金线草中，有叶片上生长斑纹的品种。

小巧的花蕾沿着长长的花轴生长着。

金线草是蓼科的多年生草本植物。高度为 50~80 厘米，无论是光照好的地方，还是阴郁的地方，金线草都可以很好地生长。在河畔、池水旁等水域周围，我们可以见到成片的金线草。从夏天至秋季，它们长长的花轴上绽开小小的花朵。因为这种花轴的样子和“花纸绳”颇为相似，所以它们在日本，被称为“花纸绳草”。冬季，金线草地上部分枯萎以过冬。金线草的叶片上，有的会有呈“V”字形的黑色斑纹，颇有辨识度。金线草也是一种生命力顽强的植物，无论是在庭院种植还是盆栽，都非常受欢迎。

43

大吴风草

英文名 Leopard Plant, Ligularia

学名 *Farfugium japonicum* 菊科大吴风草属

故事大约发生于20年前，在我当时打工的店里。
我煮了蜜香大吴风草，
来尝尝看吧。
打工店里的前辈。
蜜香大吴风草？我第一次见到呢。
大吴风草是什么呀？
大吴风草是一种植物，也叫作活血莲。
好好吃！
真的吗？太好了！
从那以后，我便经常能吃到大吴风草。
也不知道那个时候，蔬菜店里有没有卖大吴风草的呀。
又或者说，前辈是从院子里采摘到这种植物的？
想来，还真是美味呢。
花
舌状花
筒状花
有两种花呢。
种子
蒴果
分布
据说在日本，多分布于福岛以西的地区。
近年来气温都在变暖，所以不知道会不会有变化。
还是想去看看呀。
花福花店笔记
盆栽的大吴风草，一整年都可以在市面上见到呢。
而且还有很多品种。

大吴风草也长有像蒲公英那样的细软毛毛。种子可以随风飘散，四处繁衍。

筒状花的周边便是舌状花，有几分像菊花的样子。

大吴风草是菊科的多年生常绿草本植物，根茎粗大，高度为 50 厘米左右，喜欢半湿润的环境。在日本，自福岛县以西都有野生大吴风草生长着，但是因为近年气候变暖，可能它们的生长范围也有所扩大。大吴风草在花比较少的秋季开出黄色花朵，花开时，会有很多昆虫前来造访。因为大吴风草花和日式庭院的氛围非常相符，所以这是一种自古便非常受日本民众欢迎的植物。有的大吴风草品种还具有斑纹，圆润的绿色叶子随风飘逸，轻盈摇曳的姿态简直就是园艺植物的典范。市面上也经常可以见到盆栽的大吴风草以及大吴风草苗。

同时，大吴风草的叶子还可以用来烹饪，适合做一些煮菜。譬如用大吴风草的嫩叶烹制的蜜香大吴风草就极其美味。在冲绳以及奄美大岛【译者注：奄美大岛（Amami Great Island）属于鹿儿岛县，是全日本第七大岛】，大吴风草是当地有名的特色菜肴；在九州，大吴风草是被作为蔬菜而栽培的。此外，大吴风草在中药领域也被广泛使用，可以用来消肿、去湿疹等。

44 郁金香

英文名 Garden Tulip

学名 *Tulipa gesneriana* 百合科郁金香属

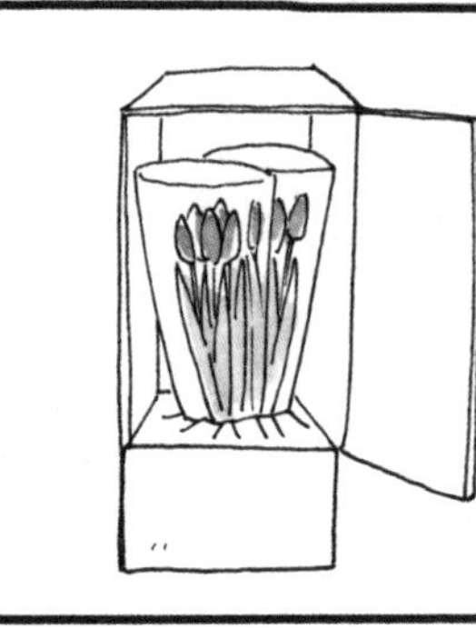

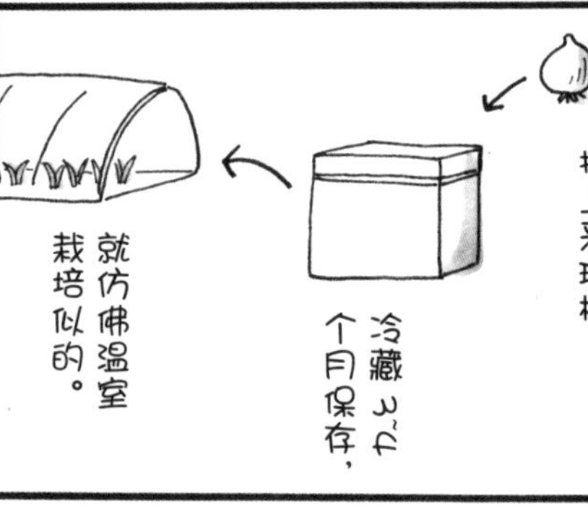

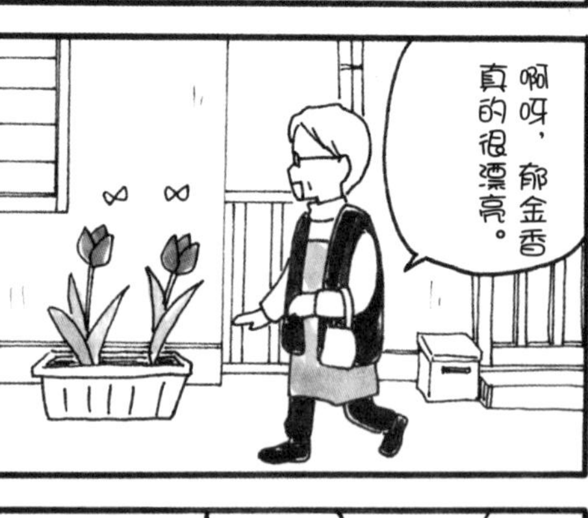

花

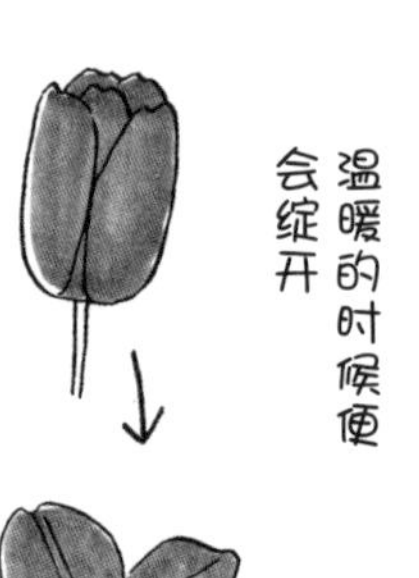

花福花店笔记

秋季种下球根。

郁金香需要大量浇水。

咕咚咕咚喝饱水。

然后生长开。

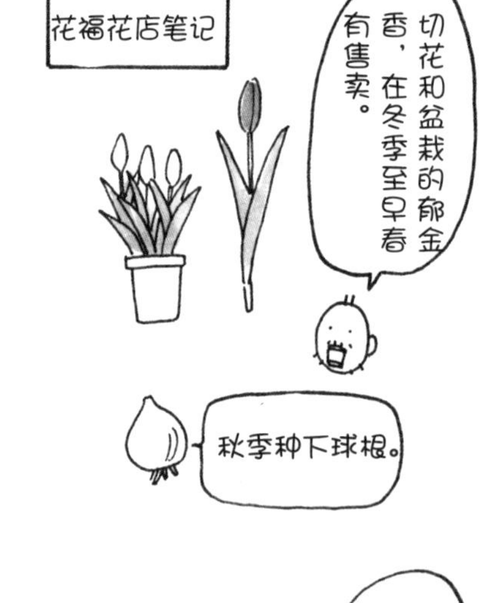

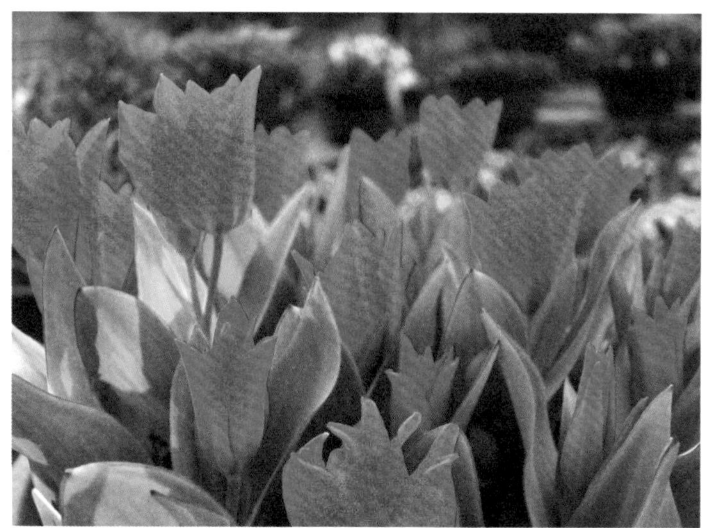
百合花型群郁金香。

单瓣晚花群郁金香

星花郁金香

也有这种非常低矮品种的郁金香。

许多不同颜色的郁金香组合在一起时非常有趣。

郁金香是百合科郁金香属的多年生草本植物，具有球茎。它们是原产自地中海沿岸至中亚地区的花卉，作为荷兰的国花，郁金香在江户时代后期才被引入到日本，而真正意义上的栽培郁金香，则是大正时期才开始的。郁金香花朵的颜色十分丰富，既具有单瓣的品种，也有重瓣的类型，甚至是流苏花的品类，不仅现存品种多不胜数，而且每年也都在培育出新的品种。切花郁金香在每年的12月时便可买到，时节算是很早的了，如果是将它们养在比较冷的房间中，它们可以保持很久。盆栽的类型则从早春时节才开始出芽，带花蕾盆栽会在春季时节上架。郁金香的种子会在花朵败落后结成，但是从最初的发芽到开花，需要大约五年的时间，所以多数时候是以球形鳞茎的形式繁育。郁金香可以说是从古至今人气园艺花卉当中的佼佼者了。

45 蔷薇

英文名 Rose

学名 Rosa spp. 蔷薇科蔷薇属

世界的蔷薇

日本本土产的蔷薇虽然是目前日本市场上的主流类型，但是也有引进的品种。

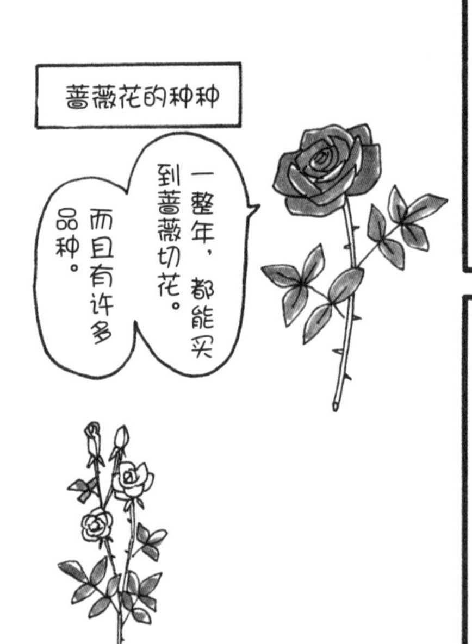

插在水中等它再生。

插在赤玉土当中的话……

第二年，它可以生长出来，再开花。

将你喜欢的蔷薇切花插在土中培育一下试试看吧。

基本上都会成功的哟。

蔷薇花的种种

一整年，都能买到蔷薇切花。

而且有许多品种。

喷雾式开花。

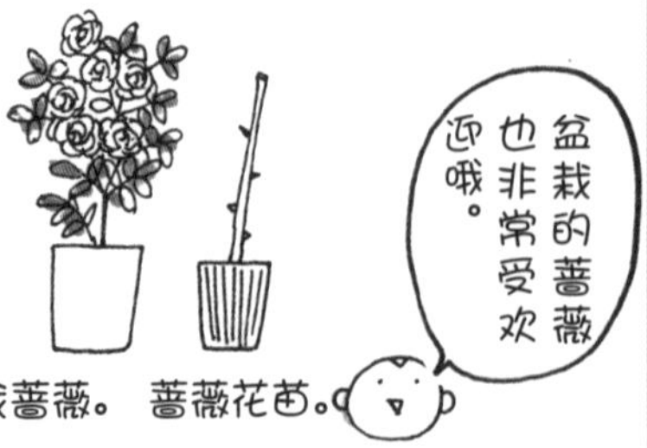

盆栽蔷薇。 蔷薇花苗。

盆栽的蔷薇也非常受欢迎哦。

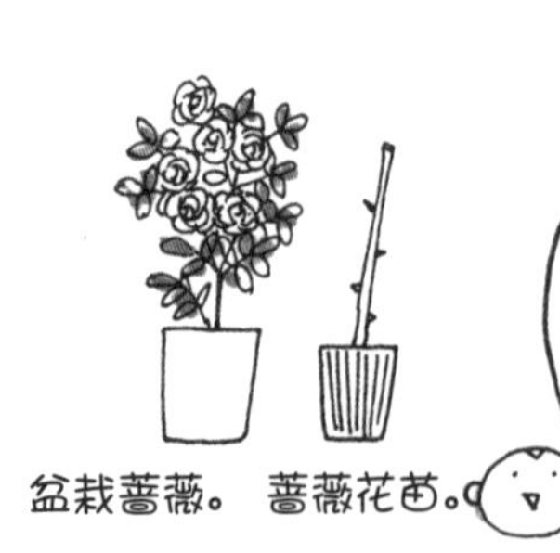

顽强而又经常开花甚至可以四季都绽放的蔷薇“安杰拉”。

娇俏的“光叶蔷薇”。

粉红色的蔷薇“达芬奇”

乳黄色的蔷薇“天津少女”。

蔷薇是对蔷薇科蔷薇属的落叶低灌木（其中一部分为常绿类型）的总称。在北半球的温暖地区，不仅有许多野生的蔷薇，在全球范围内，它们也都是广为栽培的植物。

因为蔷薇也曾在《万叶集》中出现过，所以可知，它们在日本也是很久以前便被民众所知晓的植物了。在平安时代的文献中，便有了“蔷薇”这样的名字出现，至江户时代，蔷薇被广为栽培，这种景象，我们也可以从浮世绘当中窥见一斑。

蔷薇的野生品种与园艺类型加起来，会是非常庞大的数字，花期也分为一期开花型和四季开花型，总之品种多样，在日本，野生的品种有“光叶蔷薇”“浜茄子”“山椒蔷薇”等十余种类型。蔷薇切花和盆栽，都非常具有人气。蔷薇不仅花朵漂亮，某些品种的果实还可以用来制作花果茶和民间药物，而从花朵当中提取出来的蔷薇精油则可以用于香水和化妆品的香料。虽然蔷薇有很多品种，但是每年的流行风尚都会有微妙的变化。接下来，什么品种的蔷薇会引领潮流，让我们拭目以待吧。

46 非洲菊

英文名 Barberton Daisy, Transvaal Daisy

学名 *Gerbera jamesonii* 菊科大丁草属

盆栽的非洲菊，

大概是这个样子。

非洲菊切花的颈部则是很长的样子。

难道是因为品种不同吗？

在售卖的时候，会将非洲菊一支一支的，用塑料纸包好花朵，并保证透气性。

在水培非洲菊的时候，

适合使用广口容器，浅水即可，避免花叶进入水中。

花

非洲菊的花朵，其实也是很多小花的集合哦。

舌状花。

筒状花。

会结出好像是蒲公英种子那样的种子。

花福花店笔记

正中间是白色的，白芯品种。

正中间是黑色的，黑芯品种。

多重开花。

卷边非洲菊

蜘蛛式花形

非洲菊的切花，在花市上全年可见。品种也极其丰富。

盆栽的非洲菊，则多会出现在春、秋两季。

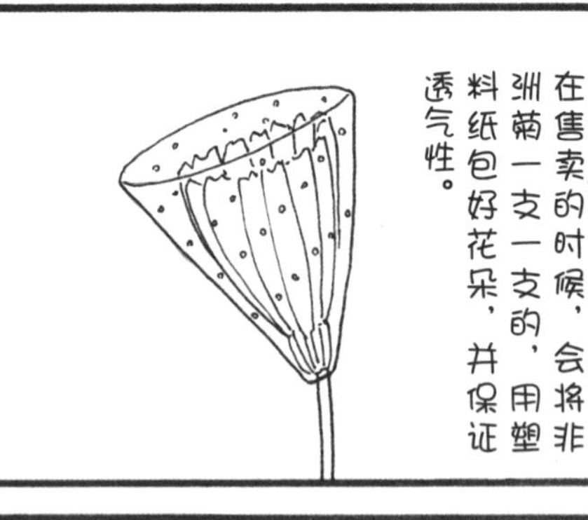

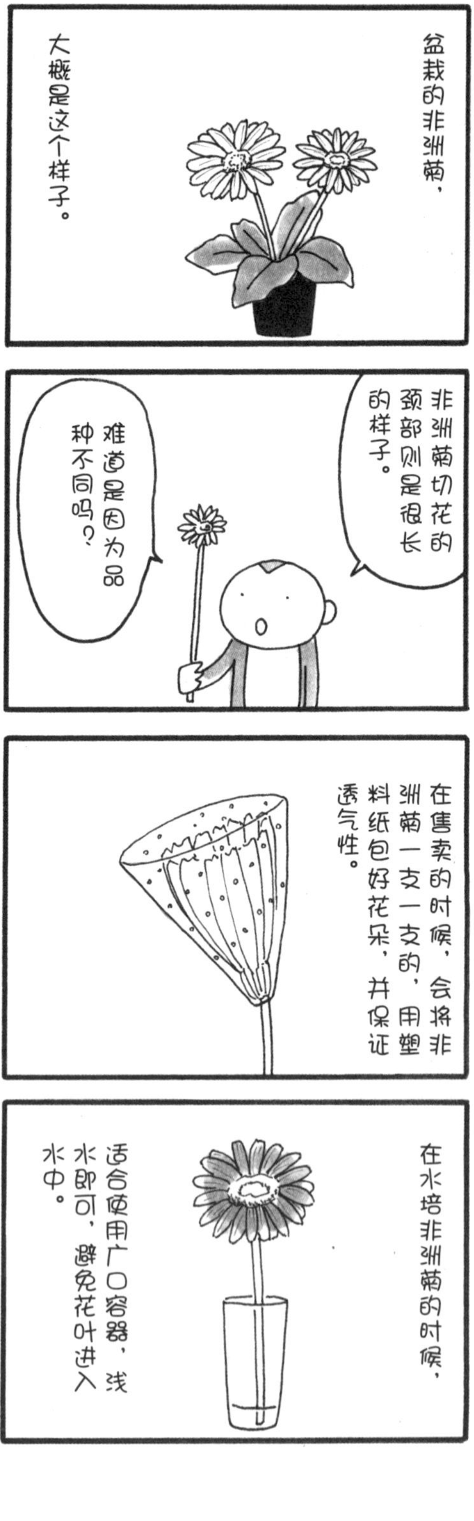

正中间是筒状花。周围是舌状花。

非常适合用来做插花的明亮粉色。

筒状花会由外侧向中心绽开。

盆栽的非洲菊。花朵会在春季和秋季绽放。

非洲菊的园艺品种，在南非及其周边多有种植培养，此外在非洲和亚洲，还有近 40 种的野生品种。它们大概在明治末期的时候被引进到日本，其后多作为园艺植物所栽培。其中，据说非洲菊切花的种类就有 2000 多种。花朵的颜色有红色的、粉红色的、黄色的，形状有单瓣的、重瓣的、蜘蛛式开花的，而且花瓣的形状也是多种多样。

非洲菊的切花，因为有温室栽培，所以一整年都可以在市面上见到，在插花以及花束的花材当中，堪称与百合花具有同样的人气。在花瓶中用水培植的时候，水的用量以少为佳，这样才不会伤害茎部，从而活得更加长久。如果放置在清凉的地方，也会有助于非洲菊花开持久，如果配合使用市面上销售的营养剂，只要掌握好剂量，则可以开得更加长久。替换水的话，需要当心一些。盆栽的非洲菊则是从春季到秋季开花的品种比较多。非洲菊喜欢阳光，所以最好将它们放置在日照好的地方。如果天气暖和的话，那么即便是在户外，它们也能够越冬。应当说，非洲菊是生命力顽强的植物，很容易培养。

47 金鱼草

英文名 Common Snapdragon, Garden Snapdragon

学名 *Antirrhinum majus* 玄参科金鱼草属

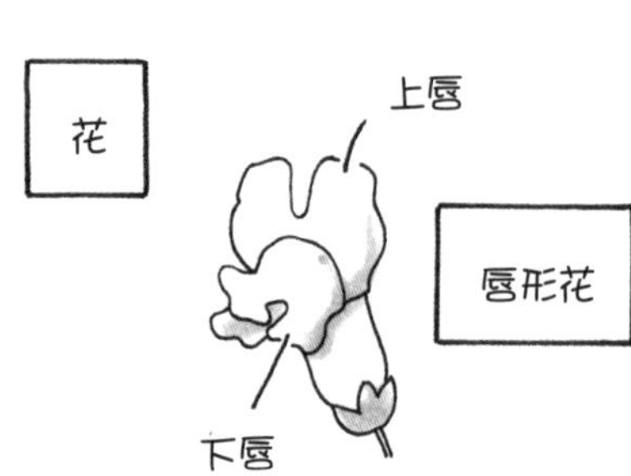

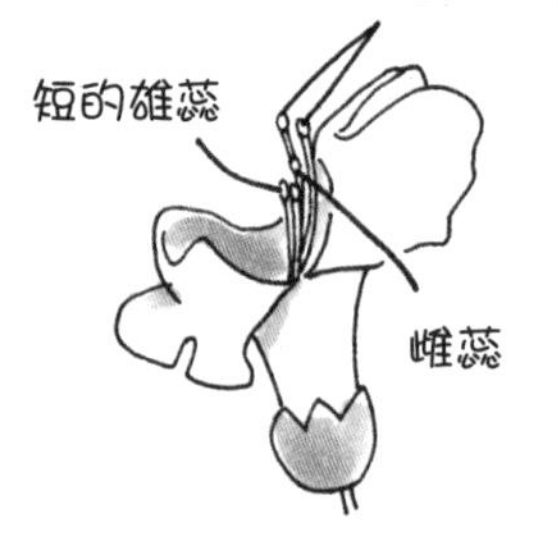

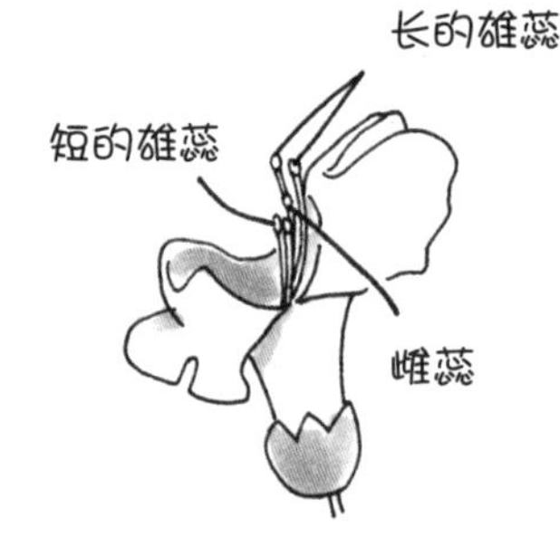

花瓣是合瓣的类型呢。

因为长得有些像金鱼，从而得名金鱼草。

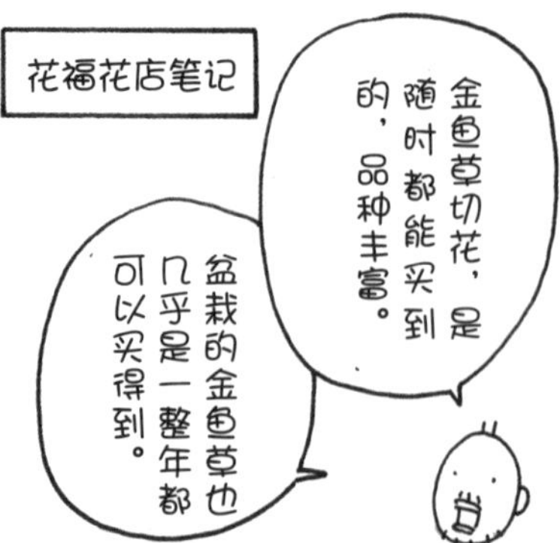

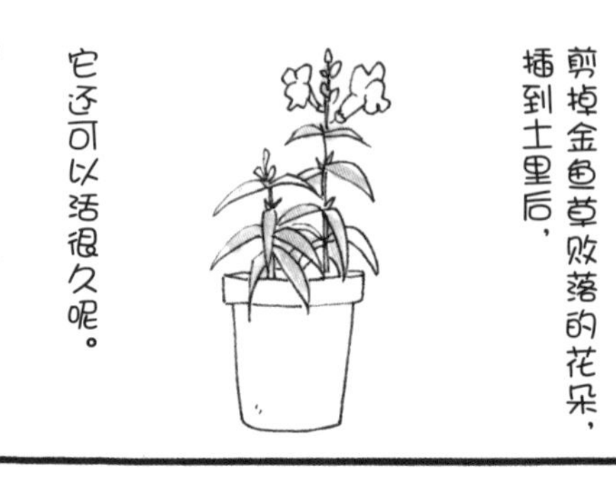

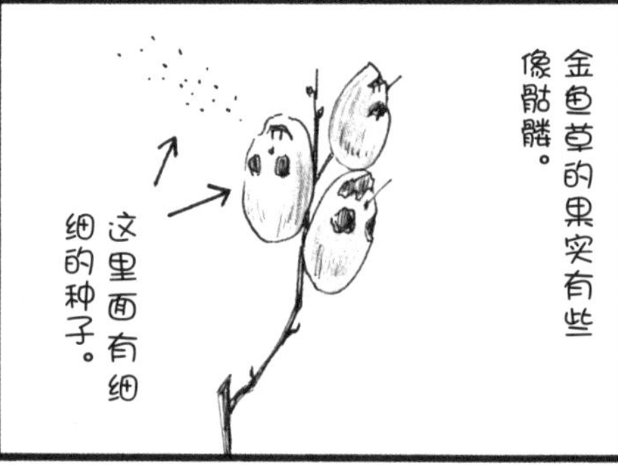

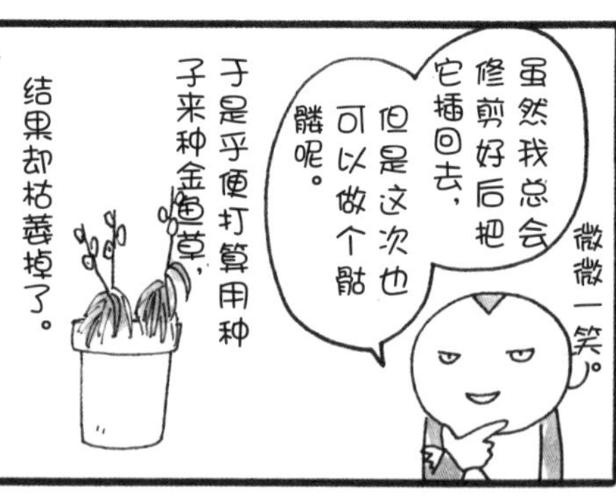

在花朵落败后，如不剪掉任其风干，就会呈现这样的种子。

除了盛夏与隆冬时节，金鱼草都可以开得很好。

虽然金鱼草是玄参科金鱼草属的多年生草本植物，但是通常被作为一年生植物。它们原产自地中海沿岸，在江户时代后期才引进到日本。因为花朵的形状与金鱼相似，所以得名“金鱼草”。金鱼草的花朵颜色十分丰富，品种也极其丰富。它们在春天到夏天绽放，花期很长。金鱼草的切花则因为温室栽培，我们可以随时买到。无论是作为花束还是插花，金鱼草都非常好搭配，是我们时常推荐的品种。盆栽的花苗则多见于春夏时节。

正如上一页的漫画中所画的那样，如果你想要一探金鱼草“骷髅”的究竟，便会发现有种子从其中洒落出来，这是金鱼草花朵干枯后的样子，但是而后地面上也会有新芽发出来，让人不禁感慨金鱼草的发芽率还真是高啊。

48

秋海棠

英文名 Begonia

学名 *Begonia spp.* 秋海棠科秋海棠属

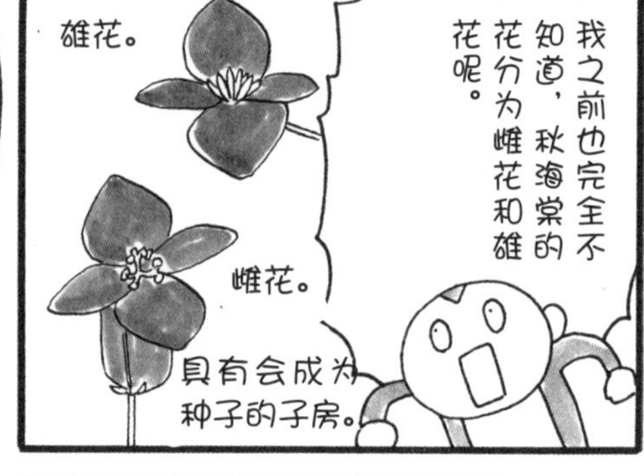

四季秋海棠

耐寒性强的多年生草本植物，四季开花。

经常被种植的便是这种了。

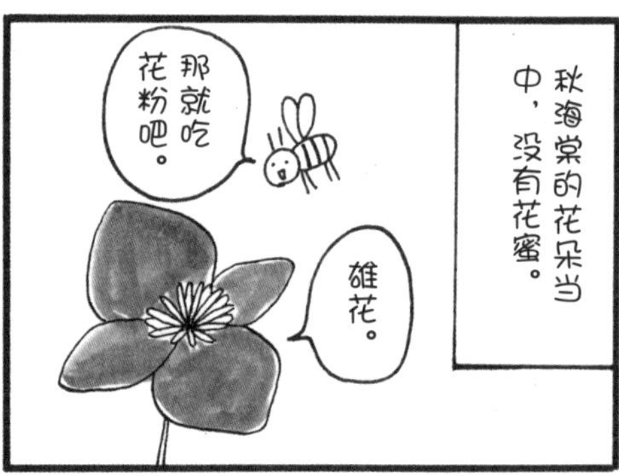

璎珞草

球根型秋海棠。
强耐寒性。
江户时代来到日本。

球根秋海棠

分为站立型和下垂型。
花朵比较大，品种繁多。

枫叶秋海棠

园艺品种。

毛叶秋海棠

根茎型。
叶片颜色有趣的品种。

有许多品种。

这便是无畏炎炎夏日的四季秋海棠，它们的花朵会一朵接着一朵地绽放。

秋海棠雄花的雄蕊上有花粉。

雌花上没有花粉。

秋海棠是对秋海棠科秋海棠属多年生草本植物的统称。很多秋海棠从春季开到秋季，有很长的花期，最近因为全球气温上升，暖冬情况增多，所以也有在冬季不枯萎依旧开花的类型。秋海棠无论是花朵还是叶片，都具有观赏性，因此我们可以在花坛、公园中经常见到它们的踪影，而且多数也都是四季秋海棠，因为该品种四季都可开花，所以人气极佳。秋海棠也是原产自中国的植物，江户时代才被引进到日本，当然也有西洋的品种。

49 非洲凤仙

学名 *Impatiens walleriana* 凤仙花科凤仙花属

英文名 Busy Lizzy, Balsam, Impatiens

果实

新几内亚凤仙

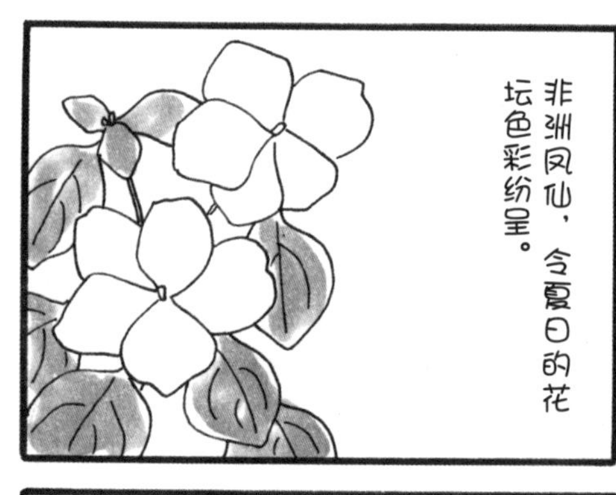

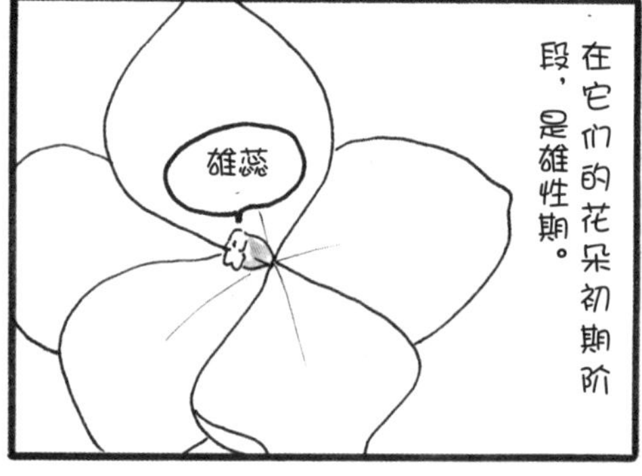

桑蓓斯（Sun Ptiens）

非洲凤仙，令夏日的花坛色彩纷呈。

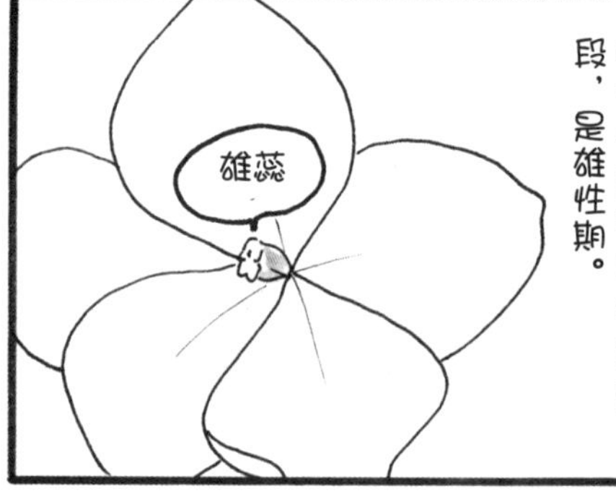

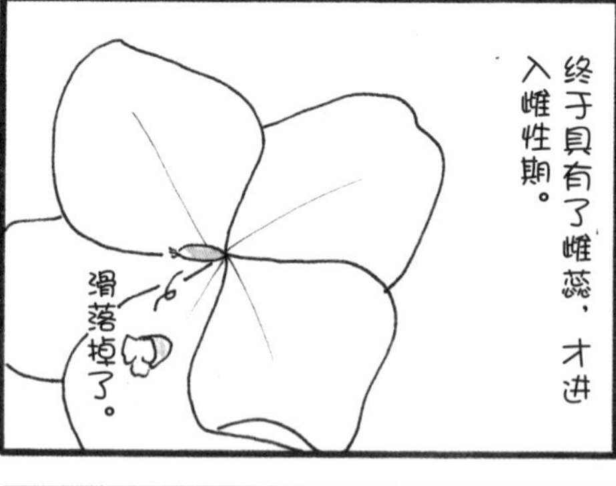

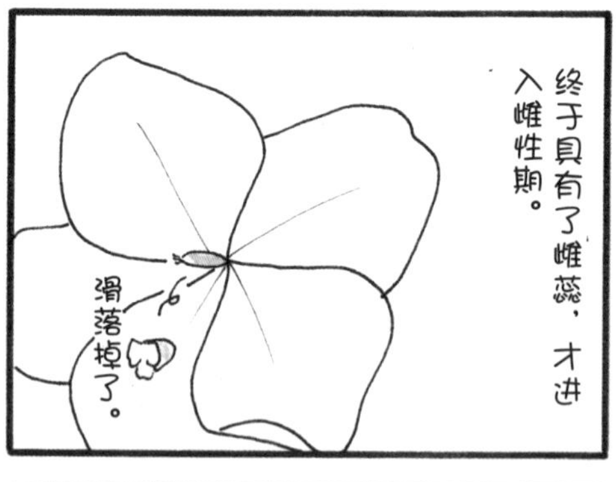

新几内亚凤仙的花朵。一眼便可看出此时正处于雄性期。

果实。

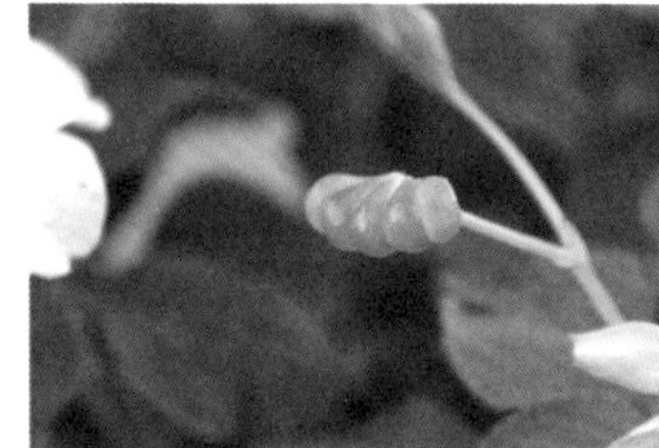

种子散播开之后的样子。

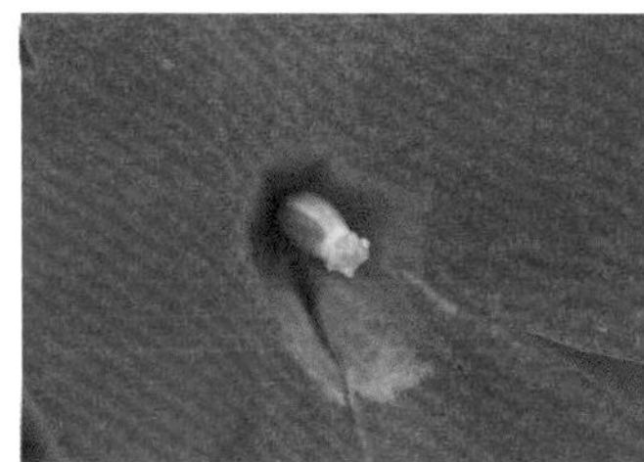

非洲凤仙花朵的雌性期。

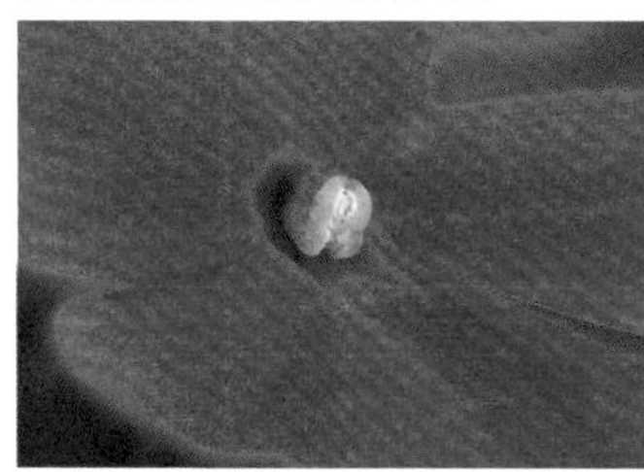

非洲凤仙花朵的雄性期。

非洲凤仙花，原产自非洲，是凤仙花科凤仙花属的多年生草本植物，但是在日本，多被视作一年生草本植物来处理。它们从初夏到秋季，花朵会一朵接着一朵绽放。因为喜欢半晴的天气，所以那些日照条件不佳的花坛，也不知从何时开始，几乎完全被非洲凤仙花霸占。非洲凤仙花的品种有许多，最近则是重瓣花的类型非常流行。在花市上，盆栽的非洲凤仙花会从春季上架，直到秋季。非洲凤仙的小伙伴——新几内亚凤仙花则不怎么适合炎热的季节，需要注意防暑，所以推荐在半阴凉的地方种植。此外，从单瓣花的非洲凤仙上是可以采摘到种子的，但是在重瓣花的品种上则仿佛很难找到种子。我们家中种有一株多年前栽下的非洲凤仙，现在已经长成很大一棵了。

50

英文名 Sage

学名 *Salvia* SPP. 唇形科鼠尾草属

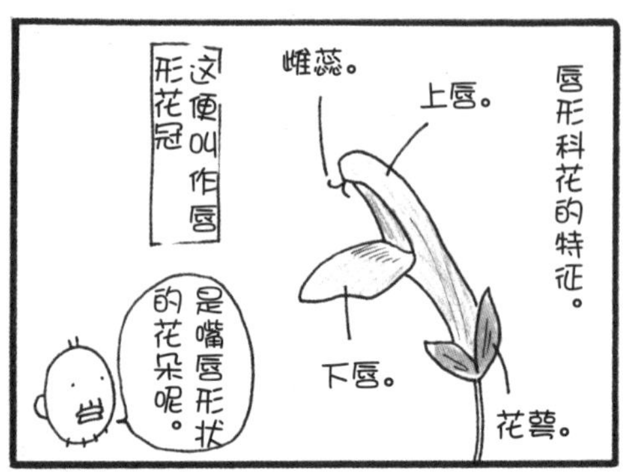

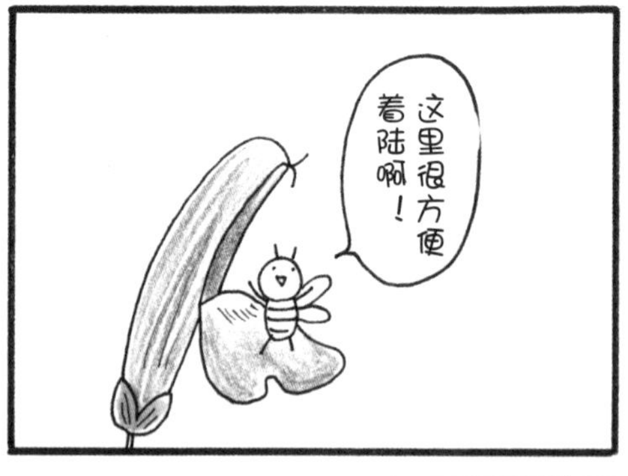

＊也有一些不是这样的情况。

凹叶鼠尾草。

有点呈现红色的，是“一串红”。

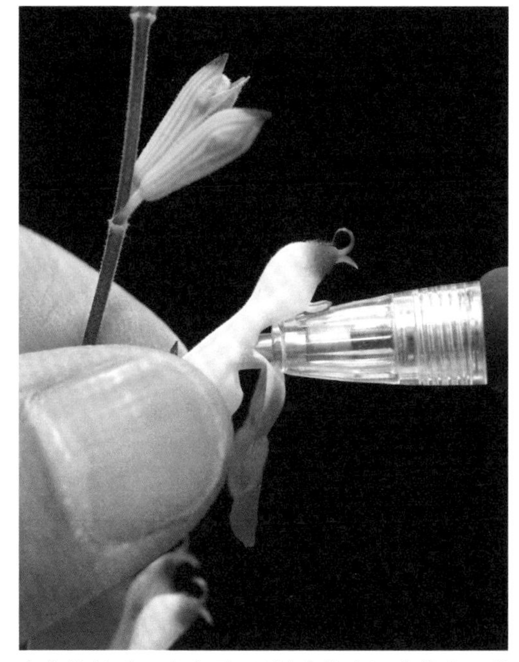

它们的构造，决定了一旦昆虫将头埋进花中，那么雄蕊便会降落下来。

鼠尾草是唇形科鼠尾草属的一年生草本植物。它们原产自巴西，据说是在日本明治时期的舶来品，而真正普及起来，则是昭和之后的事情呢。

蓝花鼠尾草（Blue Salvia）、深蓝鼠尾草（Salvia Guaranitica）是比较常见的品种，此外还有凹叶鼠尾草（Salvia Microphylla）、墨西哥鼠尾草（Salvia leucantha）。琴柱草与鼠尾草很相似，英文名字虽然有分“Salvia”和“Sage”，但是着实难以明确区分哪一种属于鼠尾草，哪一种偏向鼠尾草，总之，是非常难以确切区分开的植物，但是大体而言，大家都是同科同属的小伙伴。鼠尾草类的，多数用于芳香疗法当中，譬如凹叶鼠尾草的叶片便释放着清爽的香气，能够令人心旷神怡。

在日本关东较阴暗的地区，它们多数会落叶，但是大体上是可以越冬的。因为鼠尾草生命力顽强，所以栽培它们不怎么花费精力，只要是在日照条件好的地方，它们便会一朵接着一朵地开花。在花市上，鼠尾草切花和鼠尾草的盆栽苗主要从春季到秋季上市，而且品种良多。而正如本页右上角图片的实验所示范的那样，它们的构造十分有趣，你也不妨来试试看。

51

向日葵

英文名 Sunflower

学名 *Helianthus annuus* 菊科向日葵属

正中间的筒状花，是从外侧向中心的方向逐渐绽放开的。

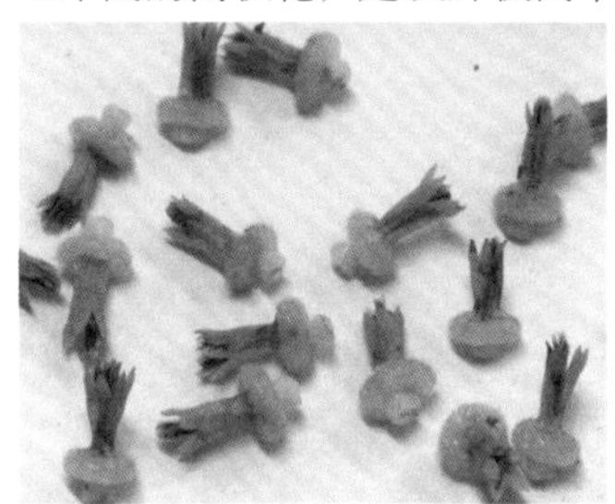
向日葵正中间部分的筒状花。

这种向日葵的花瓣颜色是柠檬黄色的。

向日葵是菊科向日葵属的一年生草本植物。因为在它们的成长时期，花朵的朝向会一直追着太阳，所以得名“向日葵”。向日葵原产自北美洲，是秘鲁的国花。在公元前，它们本是作为印第安人的食物而被种植、栽培的。17 世纪中期，向日葵才被引进到日本。而被广泛种植，则是进入昭和时代之后的事情了。向日葵不仅可以用来观赏，其种子还可以食用，或用于榨油，因此广为栽培。

盆栽的向日葵花苗主要在夏季时节上市，近年来，矮化向日葵品种则比较具有人气。向日葵的切花以及盆栽类型，品种丰富，大小不同，色彩也不同，不仅仅有黄色的，还有茶色的以及偏向黑色的品种。向日葵切花几乎一整年都可以买到。尽管第一次在冬季见到向日葵的时候，我多少感觉有些违和，但是逐渐地已经习惯了。

52 木芙蓉

英文名 Confederate Rose, Cotton Rosemallow

学名 *Hibiscus mutabilis* 锦葵科木槿属

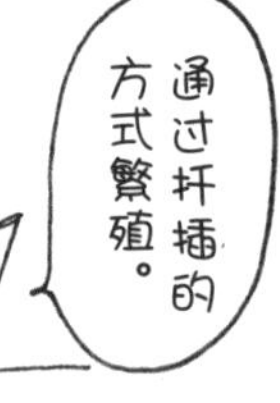

种子

花福花店笔记

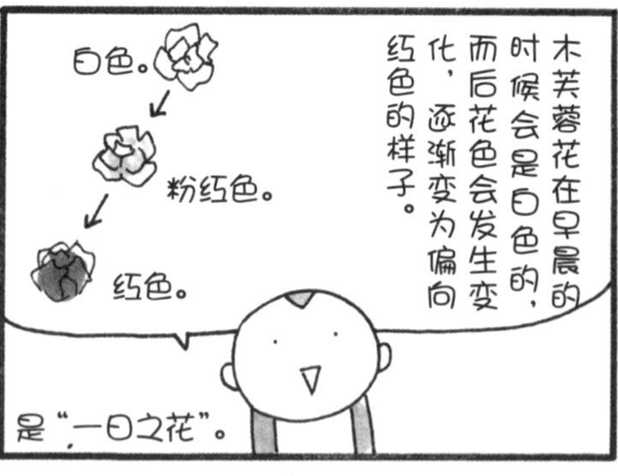

花朵颜色逐渐变成粉红色的木芙蓉花。如果气温高的话，颜色的变化也会快。

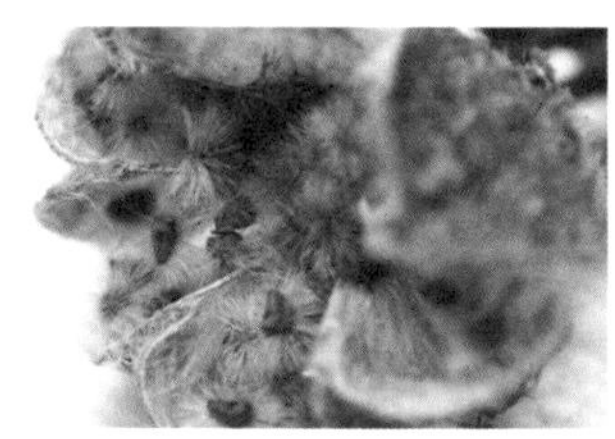

种子有些莫西干的样子。

种子依旧在花茎上的木芙蓉，冬季枯萎后的样子。

颜色正在变化的木芙蓉花朵。

木芙蓉是锦葵科木槿属的园艺类植物，为落叶低乔木，树木高 1~3 米。在中国以及日本的关东以南至冲绳，都有野生芙蓉，木芙蓉则是芙蓉的一个园艺类品种。它们的花朵为“一日之花”，花朵早晨为白色，经过一天逐渐变色，到了傍晚的时候，便会成为宛若醉酒后的红色，因此这种颜色变化也被称为“三醉芙蓉”。木芙蓉的开花时间比普通的芙蓉略晚一些，大概是从 8 月末到 10 月，硕大的花朵赏心悦目。冬日的寒冷，会令木芙蓉的地上部分枯萎，但是在日本的关东以南地区，木芙蓉是可以在户外越冬的。木芙蓉的盆栽以及花苗，多在秋季时节见到，非常受大家的欢迎。

53 牵牛花

英文名 Japanese Morning Glory

学名 Pharbitis 旋花科牵牛属

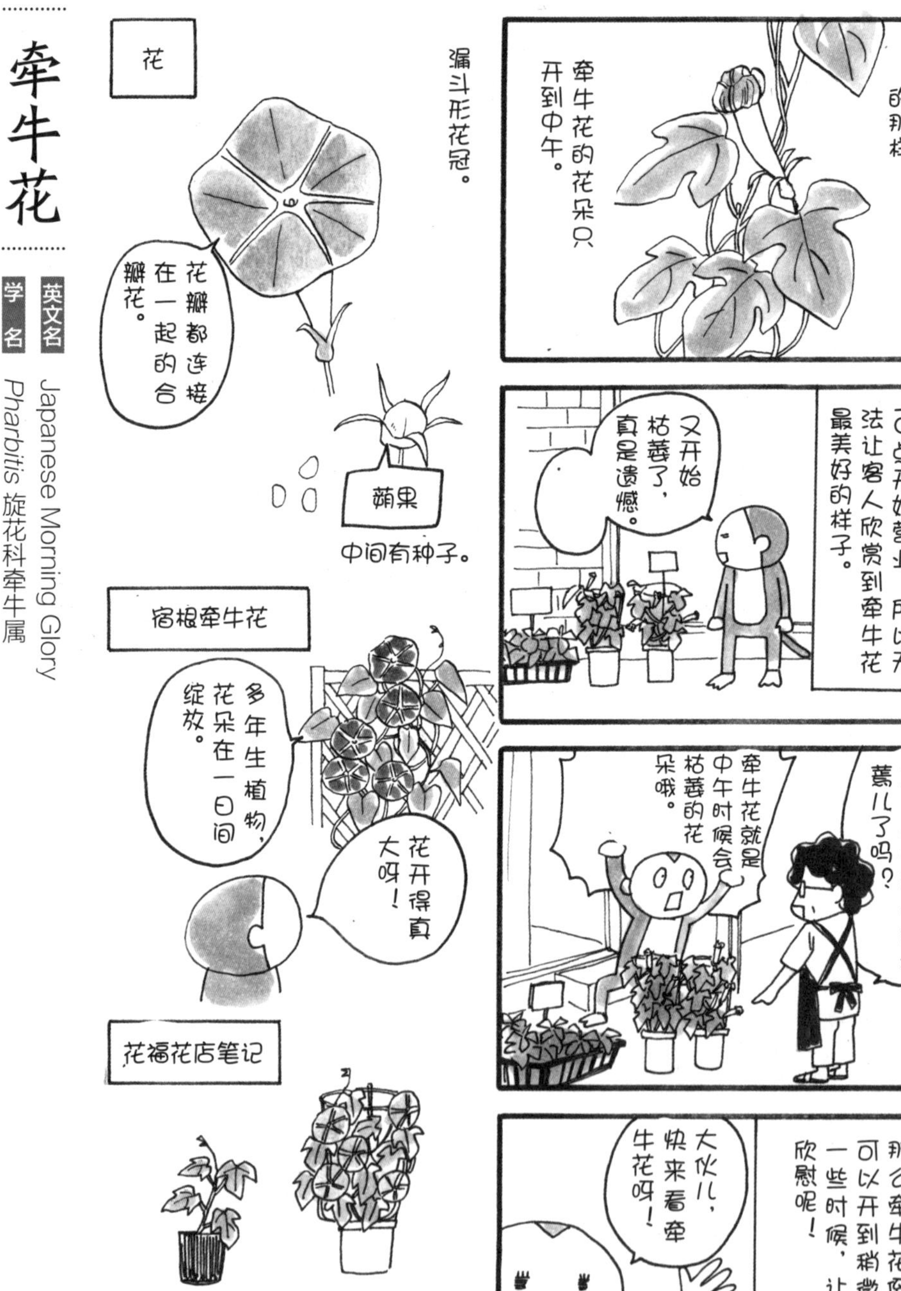

盆栽的牵牛花以及花苗于初夏至秋季上架。

盛开的牵牛花。

在 6 月左右开始绽放。

牵牛花是旋花科牵牛属的一年生缠绕草本植物，原产自亚洲热带以及喜马拉雅地区。据说牵牛花是在奈良时代才被引进到日本的，到了江户时代，曾出现过牵牛花的热潮，并且因此培育出许多品种改良的牵牛花。

牵牛花具有独特的开花属性——在日落之后的 10 小时以后开花。也就是说。在 7 月份的话，大概是早晨的 5 点开花，9 月份的话则是早晨 4 点开花。盆栽牵牛花在整个夏季都可以见到，最近则出现宿根性以及一年生类型的西洋牵牛花品种。它们属于短日植物，日照时间短于一定时间，才会绽放。牵牛花的繁殖能力非常旺盛，并且因为其缠绕属性，所以我们经常可以见到牵牛花墙壁。在日本，一到夏季，各地便会举办牵牛花节，譬如东京的入谷牵牛花节就比较出名。

54

一叶兰

英文名 Haran, Baran

学名 *Aspidistra elatior* 百合科蜘蛛抱蛋属

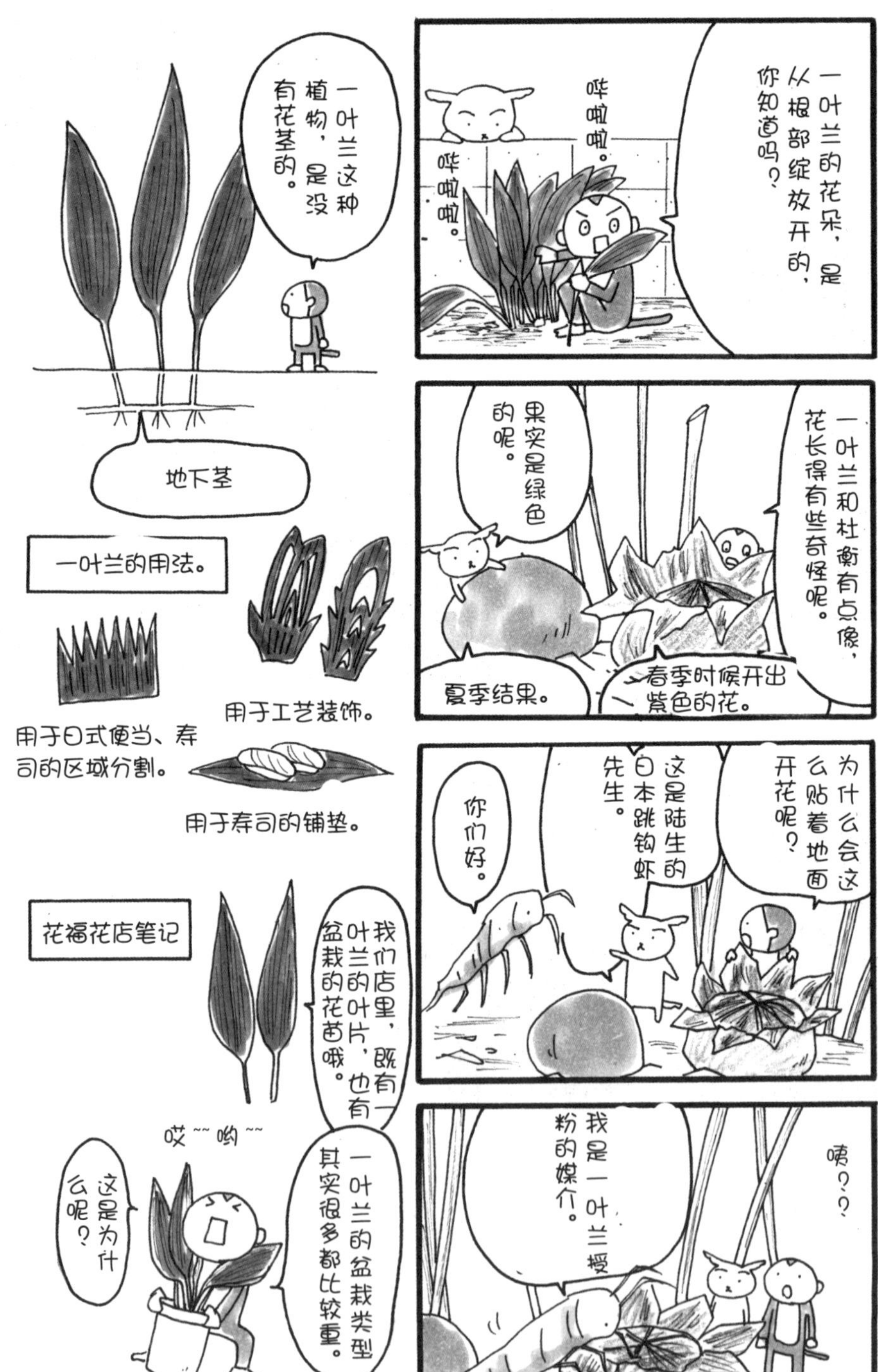

一叶兰从地下茎开始生长出来大片大片的叶子，在地表形成群落。可以分株繁殖。

据说，就连一叶兰的花朵，都是贴着地面绽放的。

一叶兰是百合科蜘蛛抱蛋属的常绿多年生草本植物，原产自中国。据说，一叶兰是于江户时代被引进日本的，但是也有许多其他传闻，众说纷纭。但是总而言之，它们是自古以来就广为栽培的植物，喜阴，在春季开花，花朵像杜衡那样，贴着地表绽放，因此，并不是什么耀眼的花朵。在花朵败落之后，一叶兰会结出绿色的果实。现在，有的一叶兰园艺品种，是叶片上有斑点的样子，盆栽的类型在市面上则并不多见，偶尔会出现在花市上。但是，一叶兰的叶子，则是一整年都可以见到的，经常被用于插花中。

很多人会感慨好像没见过一叶兰开花呢，其实可能是没注意到它们的花朵，或者直接就已经错过了花期，不妨在来年的花开时节好好探寻一番吧——虽然有可能错过花期，但是可不要错过结果哦，它们的果子也是长在地面上的呢。

55 一品红

英文名 Poinsettia

学名 *Euphorbia pulcherrima* 大戟科大戟属

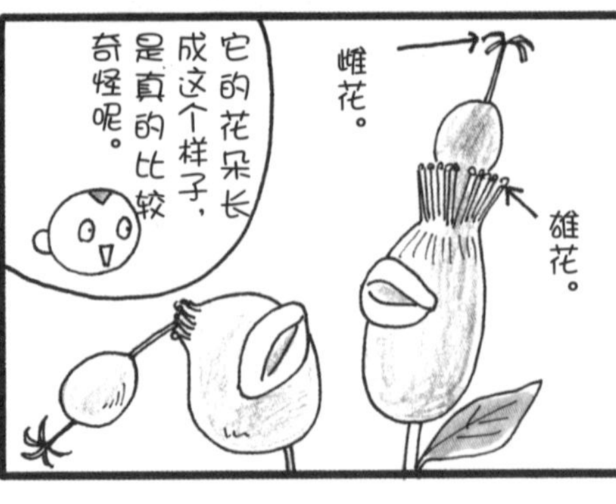

从蜜腺里，会流出来花蜜哦。

这就是。

而且花蜜是真的会流出来的哦。

红色的部分是苞叶。日照时间变短的话，它们会变成红色，但是自然状态下不会红得这样艳丽。

一品红溢出来的花蜜。

一品红是大戟科大戟属的常绿低乔木，它们原产自墨西哥以及美国的中部地区，是明治时代被引进到日本的，别名猩猩红。因为一品红是短日植物，所以日照时间短的话，苞叶便会逐渐变成红色。在花店中，可以买一些为了迎合圣诞节而人工处理成红色的一品红。因为一品红原本是生长在温暖地区的植物，所以在日本的寒冷季节，看见一品红在寒风中瑟瑟发抖的样子不免心疼它们。但是近年来，经过不断地品种改良，日本出现了许多耐寒性强的一品红，还出现了白色的、粉红色的、绿色的品种。正如上一页漫画中所介绍的那样，因为品种不同，所以它们的样子有细微的差异，对比起来看的话会很有趣。盆栽的一品红在圣诞节前夕会上架许多，但是去年夏天的时候，我们在花市上也见到了盆栽一品红，当时真的是大吃一惊。它们上架的时间真是越来越早了呢。

56

仙客来

英文名 Cyclamen

学名 Cyclamen persicum 报春花科仙客来属

花

为了避免雨水冲刷掉花粉，仙客来的花朵朝向向下。
雄蕊。
雌蕊。

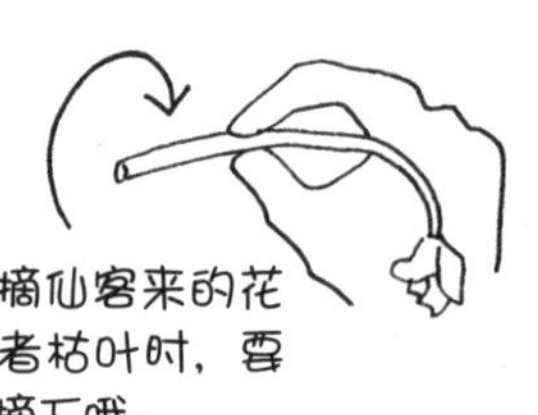

在采摘仙客来的花朵或者枯叶时，要捻着摘下哦。

只要放在那里，仙客来便会结出种子。

小花仙客来

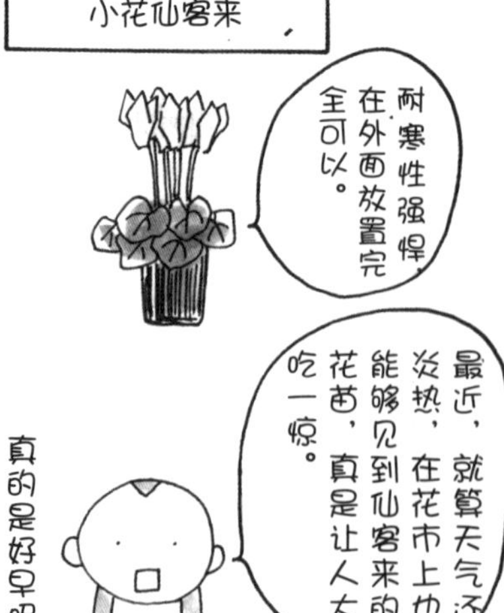

耐寒性强悍，在外面放置完全可以。
最近，就算天气还炎热，在花市上也能够见到仙客来的花苗，真是让人大吃一惊。
真的是好早呢。

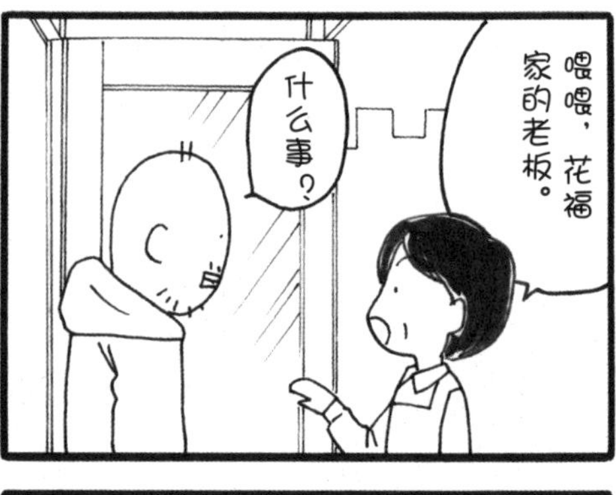

喂喂，花福家的老板。
什么事？

去年我们买的仙客来现在又开花了，但是叶子长得四分八绽的，为什么呢？
吧嗒

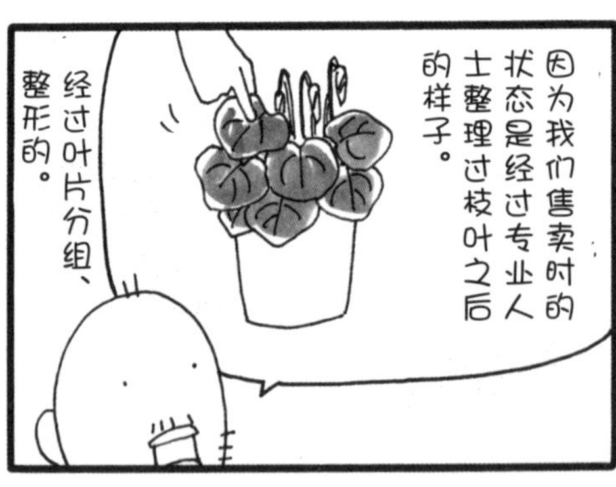

因为我们售卖时的状态是经过专业人士整理过枝叶之后的样子。
经过叶片分组、整形的。

经过叶片分组、整形的？
是的。别忘了偶尔上些肥料哦。

仙客来花朵是向下的，别名“篝火花”。

在花朵败落后，只要放在那里便会结出种子。

有白色晕斑的仙客来。

仙客来，是报春花科仙客来属的多年生草本植物，原产自地中海沿岸地区，于明治时期被引进到日本。在二战后，它们才被普遍种植，成为越冬型盆栽花中的佼佼者，它们的花朵从秋季到春季不断地绽放。仙客来现在品种繁多，色彩丰富，最近又出现了重瓣开花的、锯形花边的、香气馥郁的等多个品种。花朵比较小的仙客来，在日本叫作迷你仙客来，它与小花仙客来都非常耐寒，所以在冬季，也能看到许多仙客来被用来装饰花店外景。但是仙客来是比较喜肥的植物，所以需要定期施肥，才能有持续旺盛的花开。在室内培育的话，一定要把它们放在阳光条件好的，并且可以避开暖风出风口的地方哦。

57

日本柳杉

英文名 Sugi, Japanese Cedar

学名 *Cryptomeria japonica* 杉科柳杉属

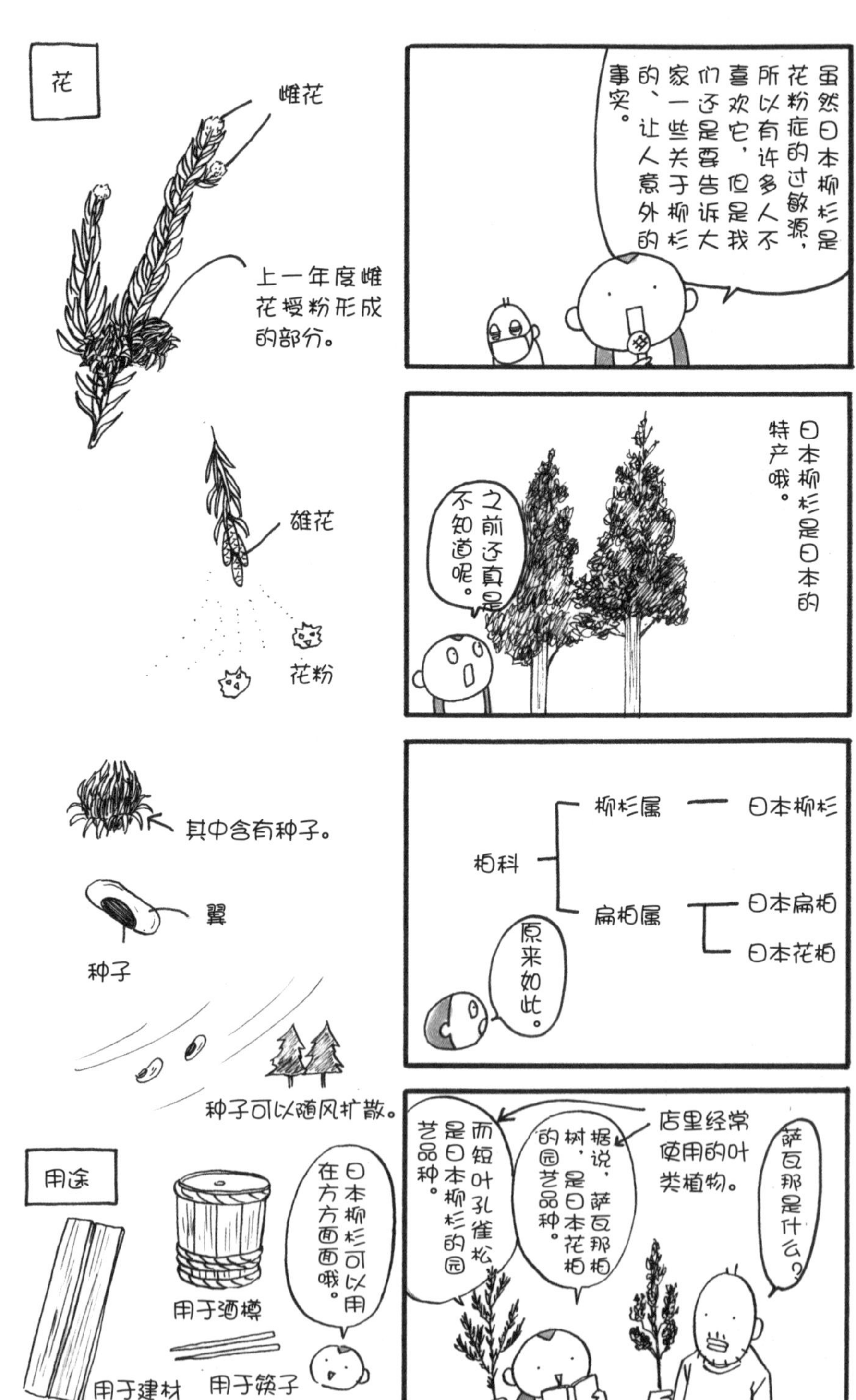

花

雌花

上一年度雌花授粉形成的部分。

雄花

花粉

其中含有种子。

翼

种子

种子可以随风扩散。

用途

用于酒樽

用于建材

用于筷子

日本柳杉可以用在方方面面哦。

虽然日本柳杉是花粉症的过敏源，所以有许多人不喜欢它，但是我们还是要告诉大家一些关于柳杉的、让人意外的事实。

日本柳杉是日本的特产哦。

之前还真是不知道呢。

柏科 — 柳杉属 — 日本柳杉

柏科 — 扁柏属 — 日本扁柏、日本花柏

原来如此。

萨瓦那是什么？

店里经常使用的叶类植物。

据说，萨瓦那是日本花柏树的园艺品种。

而短叶孔雀松是日本柳杉的园艺品种。

日本柳杉是杉科的常绿植物，雌雄同株。日本的花粉症患者比率位于世界前列，日本柳杉作为花粉症的过敏源头，广为人知。据说，日本柳杉是在日本种植率最高的树木，果实也是只有日本才有的特别品种。大概在江户时代，经中国传到欧洲。雌花生长在树枝的前端，授粉后便可以长成种子。这种种子，类似于松果，所以在日本，也有很多书籍或者是报道将杉树的果子称为“杉果”——但这并非它们正式的名字，只是一个爱称而已。

位于神奈川县足柄山北町的扫帚柳杉，树龄约有 2000 年，可谓大自然的纪念物。

雄花。它可以令花粉随风传播出去。

在树枝部前端，生长有十几个雄花。

笔直生长的日本柳杉。

日本柳杉自古以来就多被用于建筑材料或制成生活用品，譬如家居、木桶、筷子等。因为日本柳杉长寿且高耸、挺拔，所以在日本各地，都有观光杉树的知名之地，譬如屋久岛的绳文杉、日光的杉并木等。

58

垂柳

英文名 Weeping Willow，Peking Willow

学名 *Salix babylonica* 杨柳科柳属

柳树的雄花呈黄色。样子就像是缩小版的猫柳的花朵，在花开之后，才会生长出叶子。

虽然柳树是雌雄异株的乔木，但是在日本多数都是雄株，因此，我们见到的柳树多数是人工种植的。在道路旁或者是公园中，我们可以经常看见垂柳，以及在插花当中经常用到猫柳和云龙柳，这些是很贴近我们生活的植物。垂柳原产自中国，大概于奈良时代引进到日本。因为垂柳喜欢湿润的地方，所以野生柳树多见于河畔或者水边。

柳树的花朵会在春天一开始便绽放，但是因为长相实在太过朴素，所以不会吸引人的注意。从冬季到早春，在花市上可以买到柳树枝，以及猫柳的花，如果你好好的观察一下，可以发现在枝的前头生长的花朵，有着黄色花药的，是雄花。可能我们所栽培的猫柳也和垂柳一样，大多数是雄株的吧。猫柳的花穗通常是银色的，但是最近市面上出现了花穗呈粉色的粉红猫柳，这个品种非常受欢迎。就像粉红色的猫咪那般有奢华的感觉，娇俏无比。我们的花店不时会上架猫柳和云龙柳的盆栽，但是在花市上着实是没有见过垂柳的盆栽呢。可能因为垂柳占地比较大，所以家庭需求就比较少吧。

在东京都内，垂柳会在年末的时候落叶。

59

松树

英文名 Pine

学名 *Pinus spp.* 松科松属

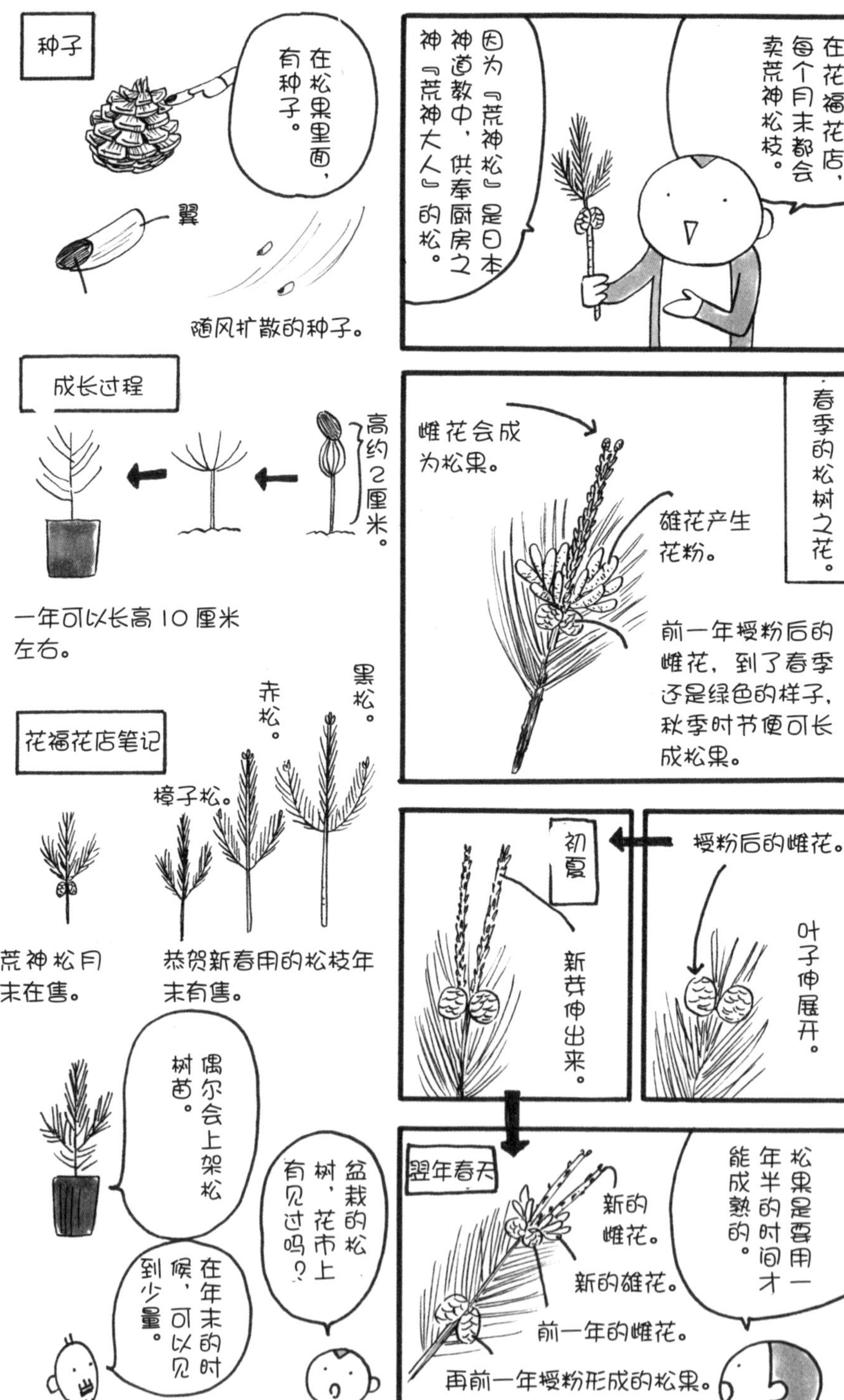

初夏时节的松果，还是嫩嫩的绿色。到了秋季便会渐渐成长为茶色的松果。

剥落的树皮。

黑松的枝干格外壮硕。

在峭壁岩石中生长着的松树。

松树，是松科松属常绿树木的总称。雌雄同株的松树，在春季开花，到了第二年的秋天，果实方得以成熟。黑松的松果则需要两年的时间才能够成熟。一般我们说到的松树不是红松便是黑松，树皮有点呈红色的为红松，偏向黑色的则是黑松。同时，如果叶子是针状的，并且每两片为一束，触碰到它们时并不会觉得痛，那么便是红松，反之则是黑松了。

自古以来，松树便被用于法事典礼或者传统盛事当中，木材也多用于建筑材料、木炭，而松子作为坚果为人们所食用，松脂则是上好的燃料和中药原材料，还多被用作香料。在日本，岩手县将南部赤松作为县木，群马县和岛根县将黑松作为县木，冈山县和山口县的县木则为赤松，福井县和爱媛县的县木也都是松树，冲绳县的县木为琉球松，松树真是为许多县所指定的县木呢。

60 梅树

英文名 Plum Blossom, Japanese Apricot

学名 *Armeniaca mume* 蔷薇科杏属

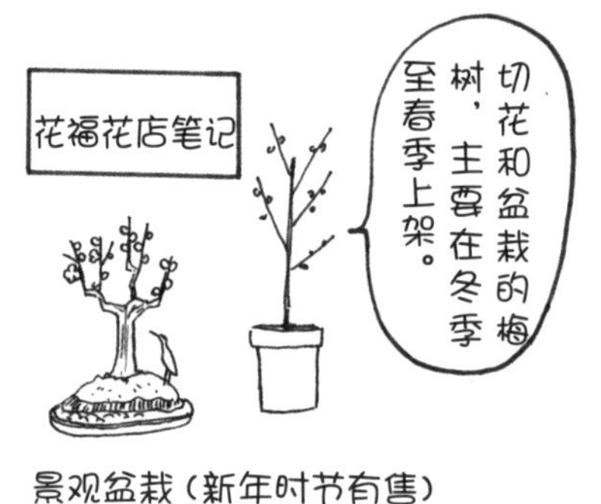

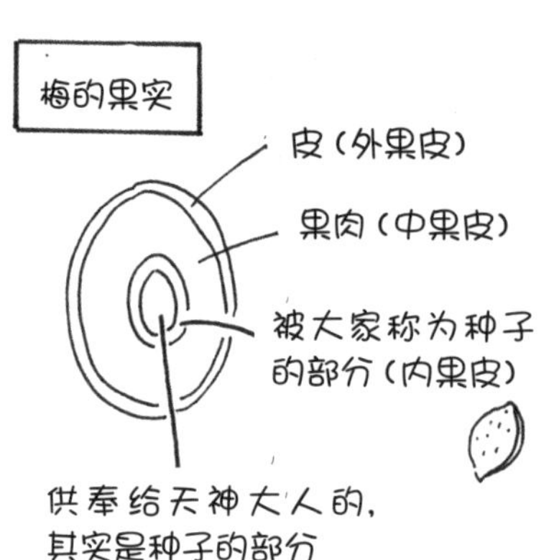

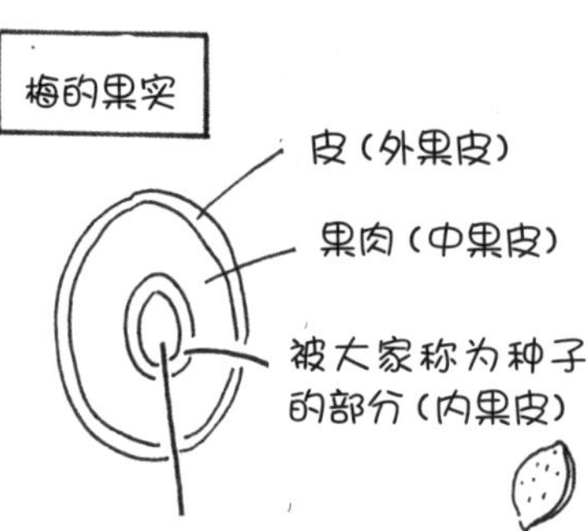

花福花店笔记

景观盆栽（新年时节有售）

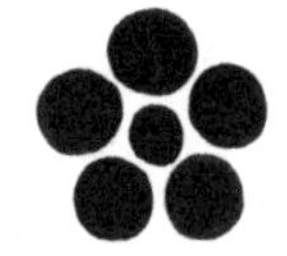

北野天满宫　　太宰府天满宫

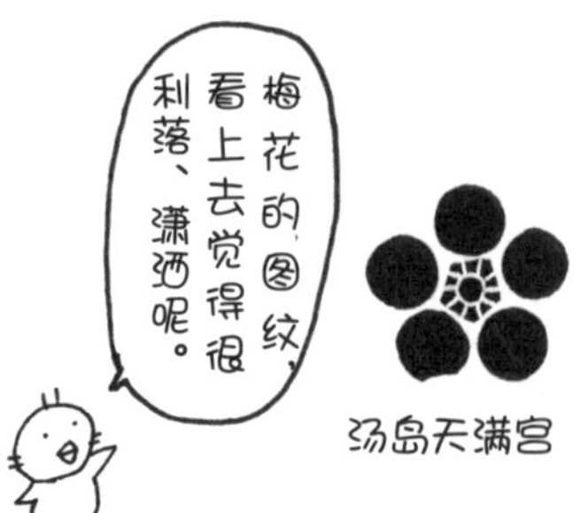

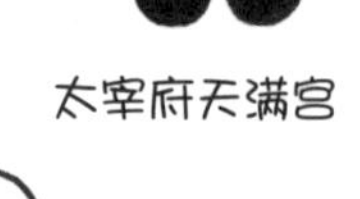

梅树的花，和樱花长得很相似，会在树枝的根部一朵一朵的绽放开来。

“八重寒红”梅花。

月影梅花。花萼的前端呈现黄绿色。

“红冬至”梅花。在“冬至系”里，早开的类型比较多。

被梅花香气吸引着，无论游人还是昆虫，都无法抗拒。

梅树属于蔷薇科当中的落叶小乔木，原产自中国，据说是在奈良时期传到日本的。梅树属于雌雄同株，在早春时节，会绽放香气芬芳的花朵，到了初夏形成果实。因为有很多园艺品种，大致可以分为两类，一类是主要用于观赏的“花梅”，另一类是用于制作梅子酒以及其他食品的“果梅”。梅作为庭院树木来说，在日式庭院、公园、神社佛阁等地，都有种植。此外，在日本各地都有梅花园，想必您也至少去过一次吧。自古以来，咏诵梅树、梅花的词句就很多，在中国将梅、兰、竹、菊比喻为“四君子”，松、竹、梅则为“岁寒三友”。在日本，还分别用松、竹、梅来表示高级料理的等级等。“因材施教”的日语直译之后便是“都说修剪樱花的是笨蛋，不修剪梅花的是笨蛋，你就别修剪樱花的树枝了”，这在日本极其有名。但是因为梅树的花朵十分漂亮且香气浓郁，所以很容易招引昆虫在树干和叶片上，这是令人头痛的一点。

61 蜡梅

英文名 Wintersweet, Wax ume

学名 *Chimonanthus praecox* 蜡梅科蜡梅属

蜡梅的香气真是太好闻了。

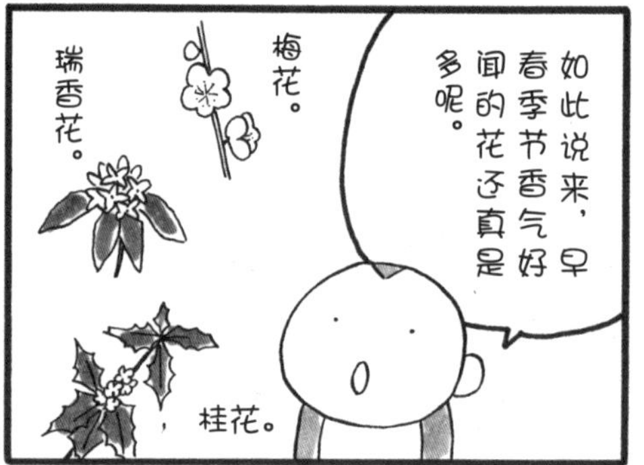

整体都是黄色花的类型，是园艺品种，其中“素心蜡梅”和“虎蹄蜡梅”都非常有名。

原种的蜡梅，内侧呈红色。

花福花店笔记

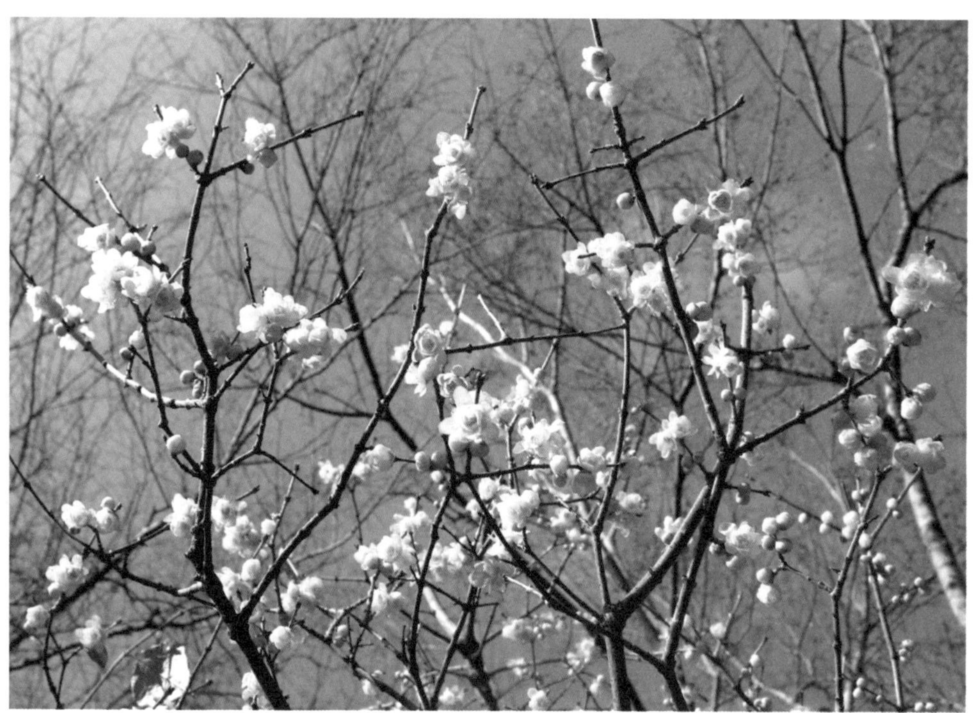

在前一年生长出来的枝丫上就能开满花朵。蜡梅花和梅花一样，是紧贴枝丫生长的。

蜡梅花花瓣的质感，有些像是蜡制的工艺品呢。

蜡梅原产自中国，是于江户时代引进到日本来的植物。属于蜡梅科，落叶小乔木。它也是雌雄同株，在早春时节会绽放出香气浓郁、花形迷人的黄色小花朵。据说，花瓣的质感仿佛是蜡制的工艺品那般剔透有光泽，因而得名“蜡梅”。虽然蜡梅很多方面和梅树非常相似，但其实科属不同，所以有些属性完全不同，譬如果实会在花落后结成，而且不可食用。蜡梅在插花领域是非常受欢迎的花材，而且因为容易培育，所以是庭院中相当常见的植物，无论切花、盆栽或者是园艺品种，在春季时节都多有销售。

62

瑞香花

英文名 Winter Daphne

学名 *Daphne odora* 瑞香科瑞香属

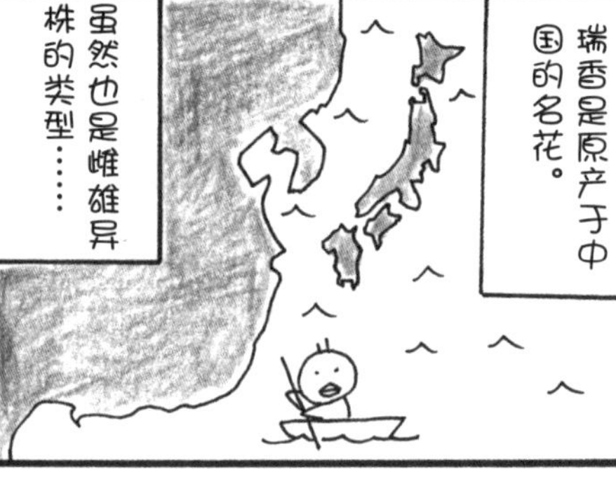

＊也有其他说法。

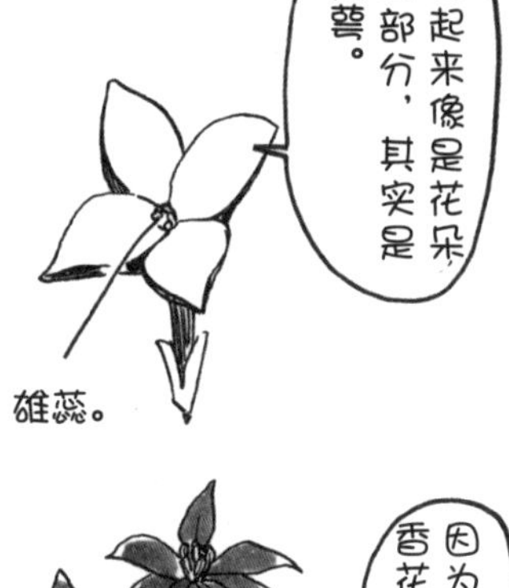

花福花店笔记

白花品种和黄花品种都会有的哦。

花萼的外面是红色的，内侧则为白色的。也有外侧呈现白色或者是黄色的品种。

前一年生长出来的枝丫上，到了7月左右的时候就可以生长出花芽。

瑞香花是瑞香科的常绿直立灌木，树高一般在1~2米。它的花名由来，是因为香气好似“沉香”，而花朵又宛若“丁香花”，因此，在日本得名“沉丁花”。瑞香花也是原产自中国，具体引入到日本的时间不甚明确，但是有一些典籍记载，在日本的室町时代，已经有栽培瑞香花的记录了。有一说法认为，虽然瑞香花是雌雄异株的植物，但是日本的瑞香花，却全都是雄株，因此没有办法结出果实；另外有一种说法是，可以绽放两性花的瑞香花，多数都是结果困难的品种。但是无论哪一种学说是正确的，都说明日本的瑞香花很难结出种子，在日本瑞香花主要是靠扦插的方式来繁衍的。瑞香花与梅花、蜡梅一样，都是早春时节香气怡人的植物，都可谓是春季的使者。同样，作为庭院植物的瑞香花因为顽强的生命力而受到人们的喜爱。但是它们却比较难配合移植，如果移植瑞香花，一定要当心，不要让它们的根部受伤。另外，如果是在光线暗的环境中，瑞香花的开花状况会变差，因此要在明亮的环境中培育瑞香花，但是也要避免夏季太阳西晒的环境哦。

63 结香

学名 英文名 Oriental Paperbush, Mitsumata

Edgeworthia chrysantha 瑞香科结香属

花

看起来像是花的其实也是花萼！

结香的花，是小小的，有4瓣花瓣的筒状花。

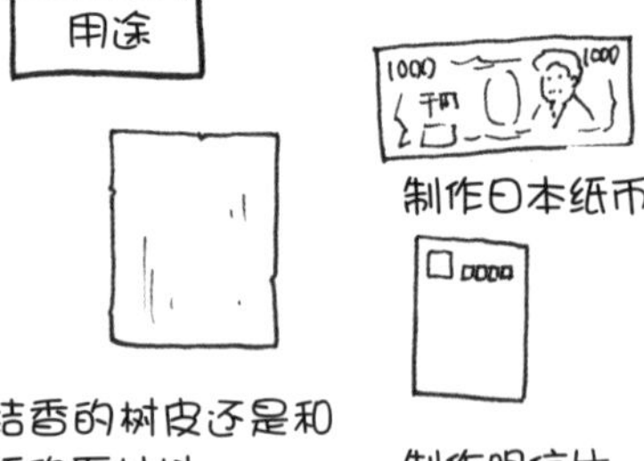

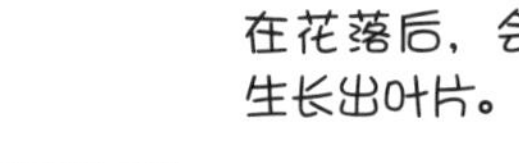

在花落后，会生长出叶片。

用途

制作日本纸币

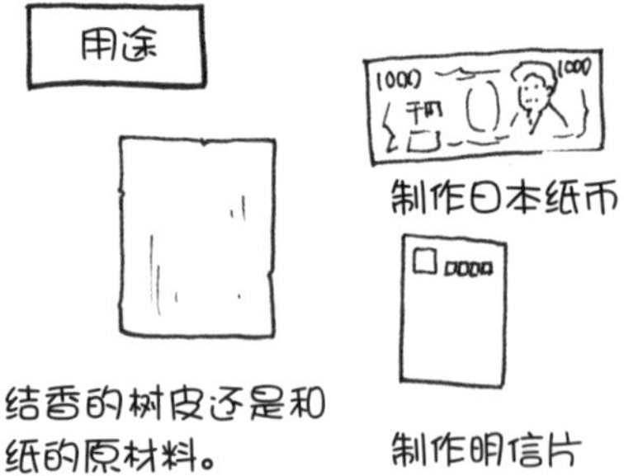

结香的树皮还是和纸的原材料。

制作明信片

花福花店笔记

盆栽的结香，主要在早春季节上架。

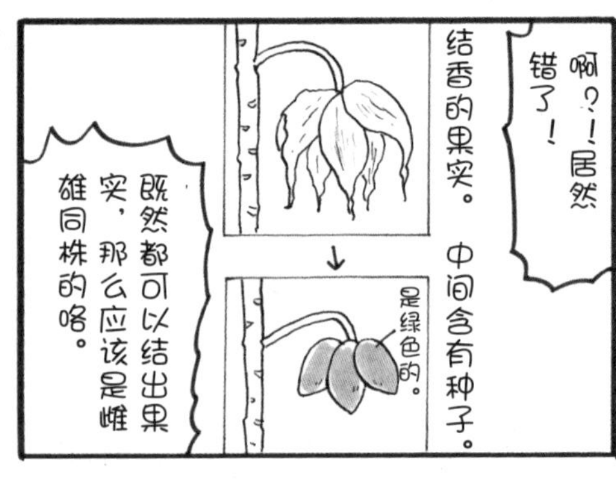

结香的花朵有些像樟脑丸。

树干分为三叉。

花蕾的样子。可以看出，分成三叉的树枝上，还会分出三叉枝丫。

也有橙色花朵的品种。

结香，是瑞香科落叶灌木，同样是原产自中国，树木高度为 1~2 米。结香是雌雄同株，在生长出叶片之前，花朵会先行绽放，并且伴有馥郁的香气。树枝在树干上以三叉为单位进行生长，因此，结香的日文名字便是“三叉”。结香的树皮，是和纸和日本纸币的原材料之一，由此可见，在很久以前日本就开始栽培结香这种植物了。此外，结香也多因为庭院以及公园的园艺功能而培植。花朵有的是淡红色，也有鲜艳红色、胭脂红色花朵的品种。与瑞香一样，移植结香的时候需要多加注意，要先找好地方再着手操作。而且结香比较难发新芽，所以也要避免剪枝。

我们经常可以在早春的山野中见到很多野生的结香绽放花姿。在花朵甚少的早春时节，一簇一簇的花朵非常打眼。下次在你散步或者户外锻炼的时候，不妨好好地探寻一下。

64

白玉兰

英文名 Yulan Magnolia, Lilytree

学名 *Magnolia denudata* 木兰科玉兰属

花

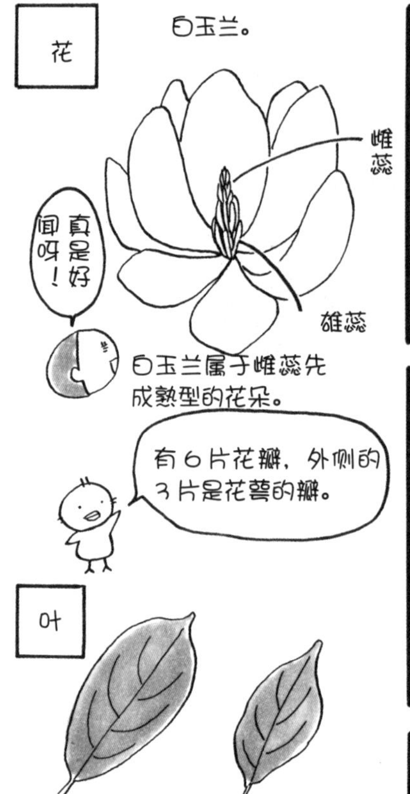

叶

白玉兰。 木兰（别名：紫玉兰）。

果实

因为发芽率并不怎么高，所以也是通过嫁接的方式来进行培植的。

原来如此。所以难怪不是非常多见的植物呢。

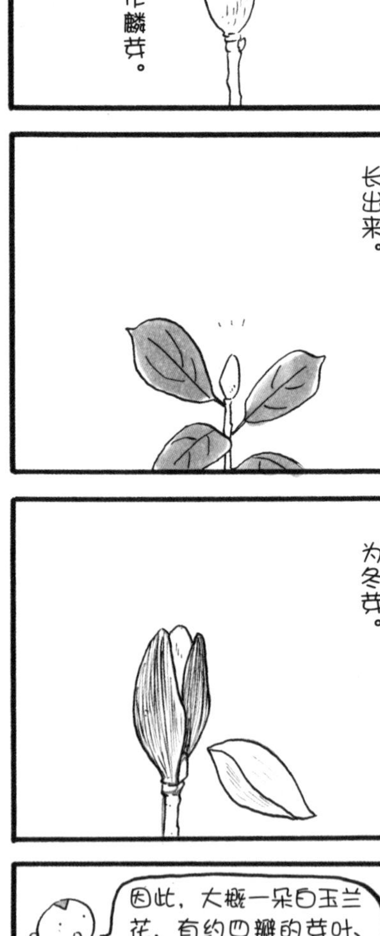

这是在初夏前后会绽放的木兰的花芽。
这种叫作鳞芽。
在花朵败落后，不知不觉地，会有花芽生长出来。
到了秋季，脱落掉一片芽瓣后，便成为冬芽。

白玉兰的花瓣比较舒展和厚实，向着斜向上的方向绽放。

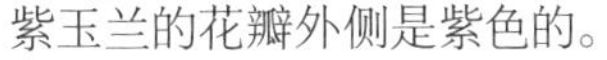

紫玉兰的花瓣外侧是紫色的。

白玉兰的冬芽。

白玉兰是玉兰科玉兰属的落叶高乔木，雌雄同株，也是春季一到便会率先绽放花姿的春之使者。在花朵败落之后，白玉兰才会生长出叶子来。有时候，也会有小拳头似的果实结出来。植株高度在20米以上，在庭院、公园，甚至神社中，都能见到白玉兰的身姿。

我们常说的玉兰，多数指的是花朵为紫色的“紫玉兰”和花朵为白色的“白玉兰”。无论哪一种，都是中国原产的植物。玉兰的花芽，可以从夏季时节坚挺到翌年的春季，然后开花。在日照好的时候，玉兰花的花苞会从南边开始膨胀、生长，所以玉兰花的花蕾是向北侧生长的，下次见到玉兰花的时候，我们可以好好观察一下，它们的花苞都是向着同一个方向生长的。白玉兰比紫玉兰开花早一些，大概从 3 月份开始就陆续绽放了，而且植株也是白玉兰的品种会更加高大一些。此外，白玉兰的花蕾，在中医领域被称作“辛夷”，是很好的药材原料，可以用于治疗头痛、鼻炎等病症。

玉兰其实有很多不同的园艺种类，不仅仅是在日本，在中国、欧美，都是自古以来便极受人们喜爱的植物。在欧美，人们称玉兰为“Magnolia”，譬如在电影《木兰花》当中，将白玉兰称呼为“Evergreen magnolia”。白玉兰的花特别为人们喜爱的原因之一，便是它馥郁的香气，每每有这种香气触动五感，便会想将鼻子凑到玉兰花的跟前去深深细嗅一下。但遗憾的是，白玉兰的花多开放在很高的地方，我们的鼻子无法触及呢。如果发现了在比较低的地方开花的白玉兰，我是一定会前去尽情地闻一闻的。

65

日本辛夷

英文名 Mokryeon, Kobus Magnolia

学名 *Magnolia prdecocissima Koidiz* 木兰科木兰属

花

有6瓣花瓣。

日本辛夷也是雌蕊先成熟的类型。

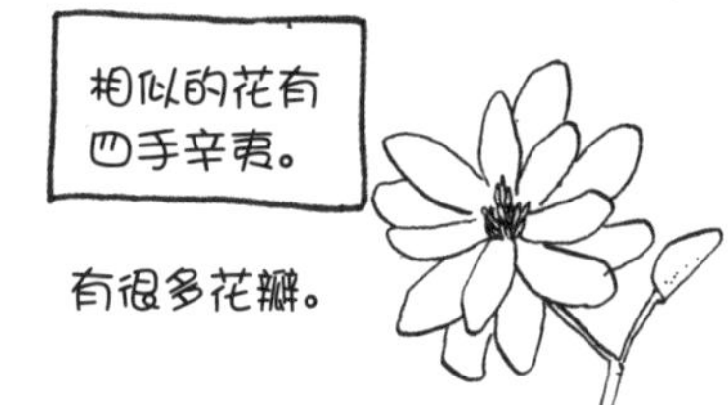

相似的花有四手辛夷。

有很多花瓣。

花店花福笔记

虽然经常看见日本辛夷，但是好像很少见到它的果实呢……

这是为什么呢？

日本辛夷也是在春季一开始绽放。花朵横向打开，花瓣比起白玉兰要窄一些。

冬季时节的花芽。

红色的果实，是鸟儿们争相抢夺的美味。

日本辛夷也是木兰科木兰属的落叶高乔木。雌雄同株的日本辛夷，也是春季的先驱使者，一到春季，便会绽放出美好的花朵，而花落后，则结出果实。日本辛夷的果实会渐渐生长到像拳头那般的大小，到了秋季时节，果实绽裂开来，露出红色的种子。但日本辛夷和白玉兰所不同的是，它们在日本各地都有野生生长的，在庭院和公园的园艺用途当中，也广为使用。在日本的农业领域，日本辛夷还有一些别名，譬如“田打樱”“种牧樱”“芋植花”。此外，在日本也有关于日本辛夷的农谚，如“日本辛夷多季，便是丰收年”“日本辛夷开，沙丁鱼来”等。

66

樱花

英文名 Cherry Blossoms

学名 Cerasus spp. 蔷薇科樱属

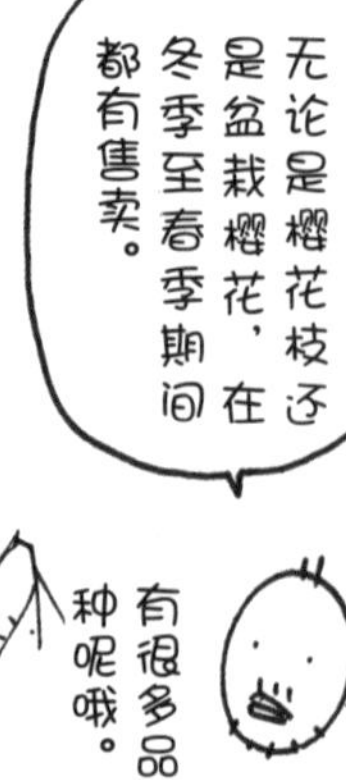

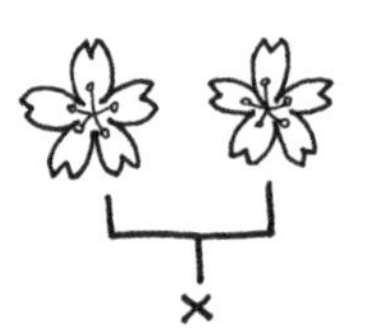

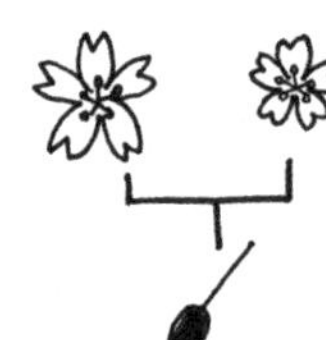

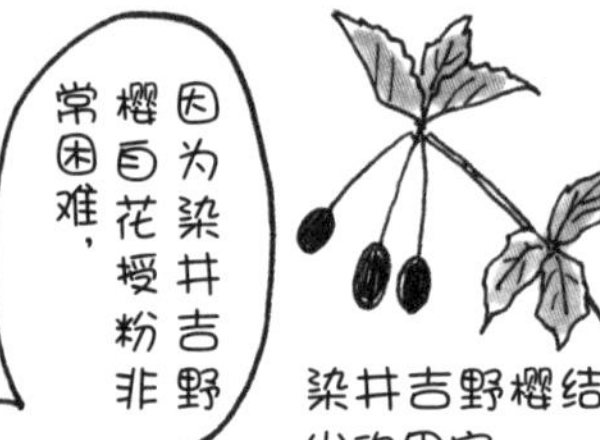

花福花店笔记

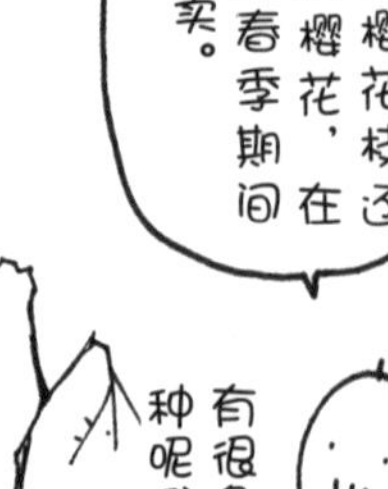

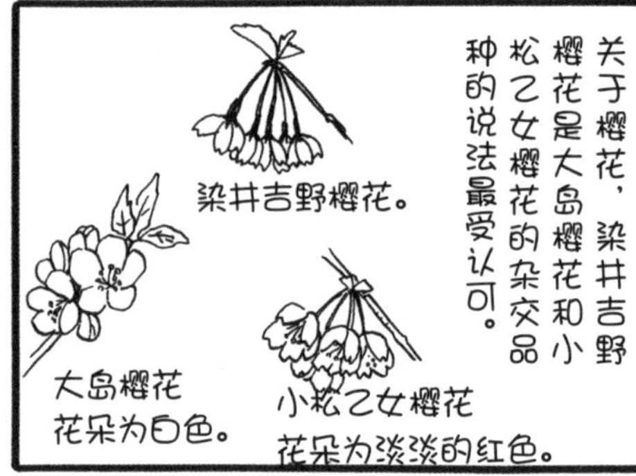

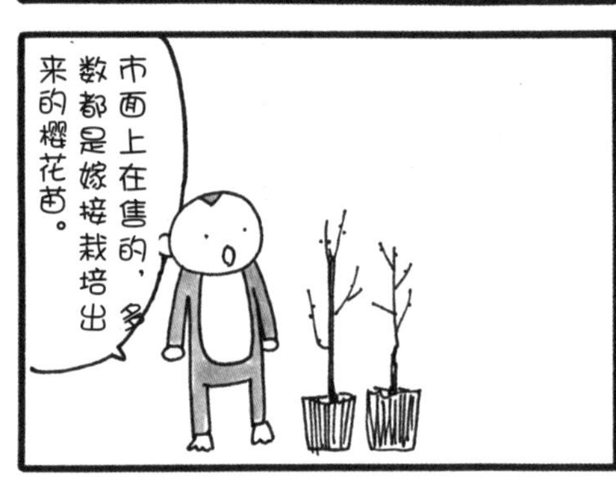

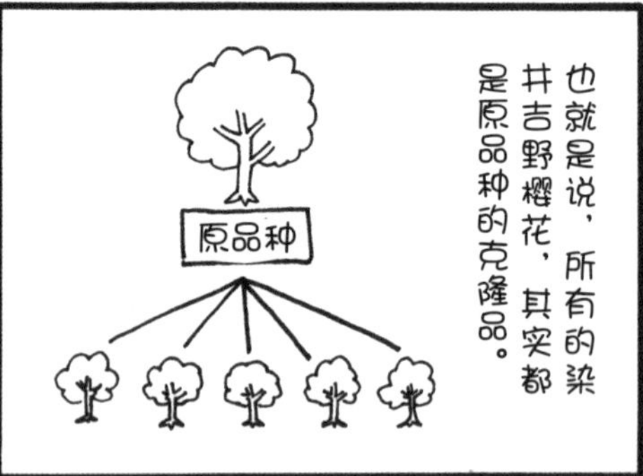

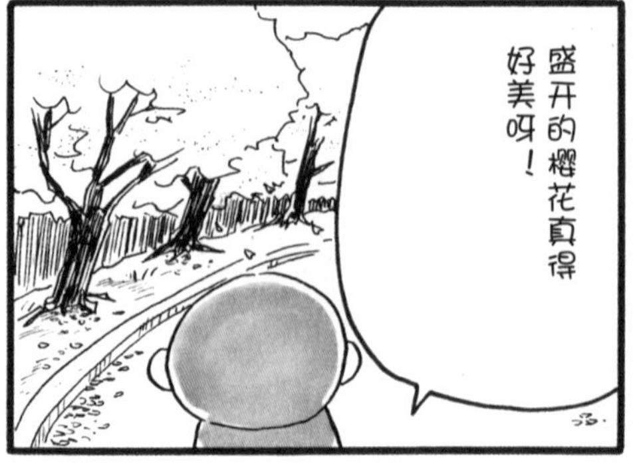

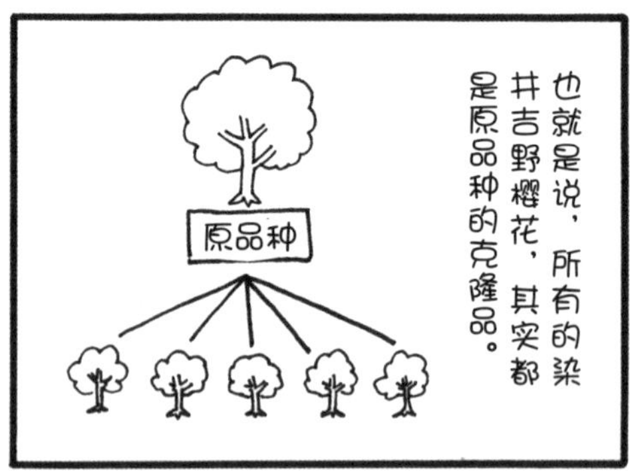

比染井吉野樱花还要早开花的，便是在春季的彼岸时节绽开的江户彼岸樱花。花萼筒的根部呈饱满的圆形是其特征。

关于染井吉野樱花的由来众说纷纭。

正适合赏樱的染井吉野樱花繁茂如云。

蔷薇科樱属的落叶高乔木樱花为雌雄同株植物，树高可达 10~15 米。绝大多数的樱花品种都是在春季初始的时候绽放的，而后才会生长出树叶。樱花的种类极其丰富。但是讲到春季的赏樱，在日本多数赏的还是染井吉野樱花，这是从江户时代末期至明治初始的时候人工培育出来的比较新型的樱花品种。在染井吉野樱花诞生之前，人们赏樱时的主角是山樱。而樱花的木材，可以用于家居建材、熏制材料，此外，树皮还可以用作染色用料。

67

日本四照花
大花四照花

学名 *Cornus kousa* 山茱萸科四照花属

学名 *Cornus florida* 山茱萸科四照花属

英文名 Japanese Flowering Dogwood

英文名 Flowering Dogwood

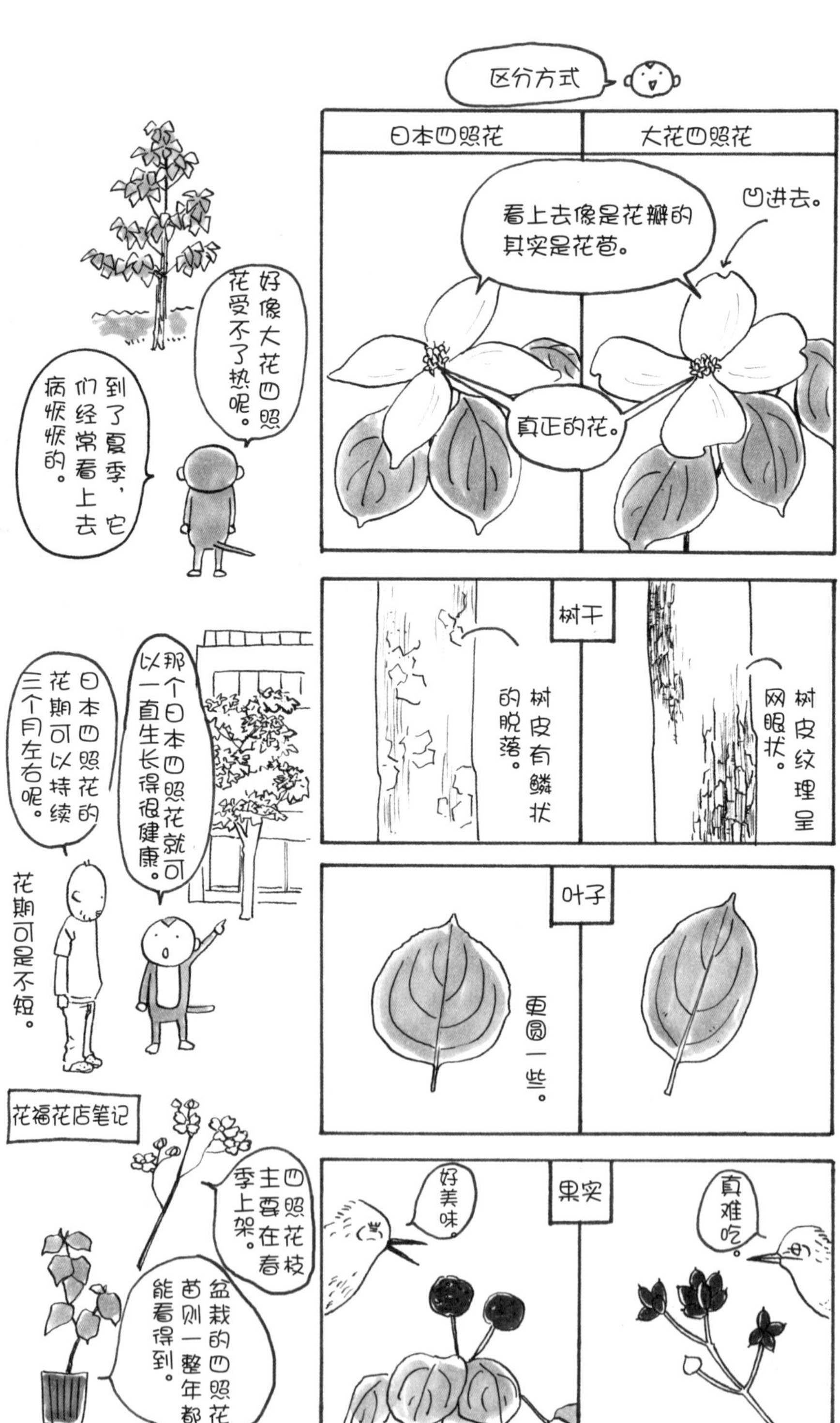

四照花在樱花快要败落的时候开始盛开。

大花四照花的正中间才是真正的花，粉红的花瓣样的是花苞。

日本四照花的花朵。

山间野生的日本四照花。

无论是大花四照花，还是日本四照花，都是山茱萸科四照花属的落叶小乔木，均为雌雄同株。树木高可达 10~20 米。大花四照花的别名又叫作“美式四照花”，是因为这种四照花原产自北美洲，长相又与原产自日本东北以南至朝鲜半岛和中国的四照花比较相似而得名。大花四照花的花朵开放在樱花败落之后，日本四照花则会再晚一点点绽开。花朵落败后，结出各自的果实，到了秋季，果实得以成熟。

1912 年，当时的东京市长尾崎行雄曾赠予美国樱花作为花礼，而作为回礼，美国回馈给日本的，便是大花四照花。从我还是小孩子的时候（20 世纪 70 年代），公园中的大花四照花开始增多，到了 20 世纪 90 年代，可以说它们的数量到达了顶峰，而日本四照花是在之后才开始增多起来的。近来，不仅仅日本四照花的伙伴增多了，而且花期也变长了，有一些可以持续开花达三个月的品种，甚至一些常绿的品种也出现了呢。

之前听说日本四照花的果实味道鲜美，所以一直想尝尝看，但是每每都被鸟儿们捷足先登了。而大花四照花的果实，到了寒冷季节，才会被冷风吹落掉，想来是不合鸟儿们的胃口吧。

68

杜鹃

英文名 Rhododendron

学名 *Rhododendron spp.* 杜鹃花科杜鹃属

花朵相对而言有些小巧，但是花开繁密的，是久留米杜鹃。花期在 4 月至 5 月期间。

平户杜鹃。

皋月杜鹃。

杜鹃大致可以分为常绿灌木和落叶灌木两种类型，无论哪一类，都是雌雄同株。常绿的类型，我们可以在街道两旁以及公园中看到许多，如平户杜鹃、久留米杜鹃、雾岛杜鹃等。在街道两旁，我们经常看到的当属紫红色花的杜鹃花了，这种叫作“紫花杜鹃”。据说因为它们具有吸附尾气的功能，因此而多被种植在道路两旁。落叶类型的杜鹃，在日本各地的山地中都有野生生长的，譬如满山红、三叶杜鹃等，在庭院品种中，吊钟花（杜鹃科吊钟花属）是最受欢迎的。落叶类型的杜鹃比较喜欢偏冷的气候，东京因为夏季太过炎热，所以对于它们来说比较难捱。

杜鹃是自古以来就被培育的植物，日本自江户时代起，就已经存在许多杜鹃的园艺品种了，也有许多人为之痴狂。而日本杜鹃，与从欧洲引进的杜鹃杂交生成的品种，无论是叶片还是花的质感都与传统杜鹃相似，这一种名叫“西洋杜鹃”（Azalea）。在花市上，多数杜鹃还是在春季时节流通的。在插花当中多有使用的杜鹃枝丫则是从春季到秋季，都可以买到的。

69

棣棠花

英文名 Kerria

学名 *Kerria japonica* 蔷薇科棣棠花属

花

花冠呈蔷薇形

单瓣花朵

雄蕊是变成花瓣状的部分。

重瓣花朵。

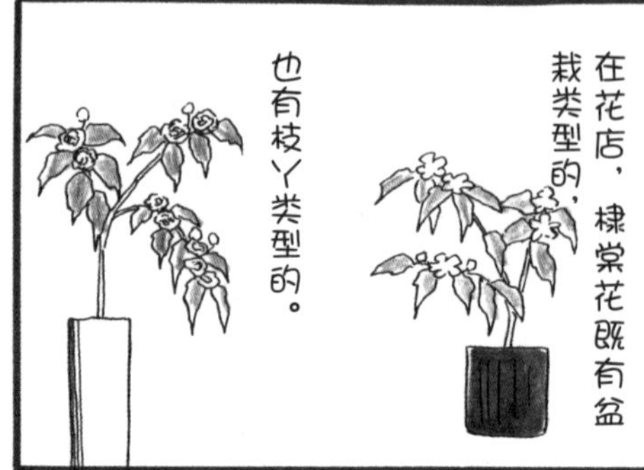

逸闻

这是太田道灌在农户家想要借用蓑衣时的故事。

有一次太田到一户农夫家借蓑衣，农夫女儿却给了他一支棣棠花。在日文中，“棣棠花”与“蓑衣”音同。农女姑娘送给太田一株棣棠花，是想借助兼明亲王的诗，委婉地表示她的家境贫穷，实在拿不出蓑衣。

多重花瓣的棣棠花比普通棣棠花开花要晚一些。植株形态也比普通棣棠花要大一些。

单瓣棣棠花

蔷薇科棣棠花属的多年生落叶灌木，雌雄同株，每年的4~5月，会开出黄颜色的花朵。而且即便是花期已经结束，我们还是可以看见棣棠花的花朵零星开放的样子。有单瓣花的棣棠花，也有重瓣花的棣棠花，从叶片的样子和颜色，也能够判断出来眼前的棣棠花属于哪一种，因为不同的品种，叶片的锯齿排列不同。譬如说，这种绿色的枝叶，就一定会是棣棠花而不是其他品种了。单瓣花的棣棠花，在日本各地的山野中都有野生的，在庭院或者是公园中也有栽培。重瓣花的棣棠花因为没办法结出果实，所以都是以扦插的方式来进行培植的。棣棠花也是在插花和园艺领域经常使用的植物，但是特别具有人气的白棣棠花，虽然与棣棠花很相似，其实却是另外科属的植物呢。棣棠花的盆栽、棣棠花枝，都可以在早春至春季买到。

70

榉树

英文名 Japanese Zelkova, Keyaki

学名 *Zelkova serrata* 榆科榉属

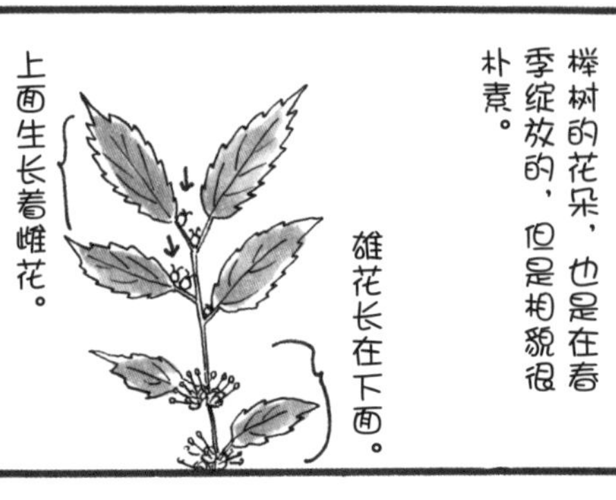

树皮呈鱼鳞状剥落。

结有果实的树枝，会随风一起扩散出去。

榉树的树形呈扇形，大气、壮美，远远望去便能够知道这是榉树。

榉树是榆科榉属的落叶乔木，树木高度一般在 20 米以上，有一些甚至会高达 40 米。在日本，从本州开始到九州，都能够看见野生的榉树。它们属于雌雄同株，春季一到，榉树的花朵便会绽放，但因为实在是样貌朴素，所以难引人注意。到了秋季，榉树的果实成熟。榉树树形呈扇形，树枝向外扩散生长，树形大气、美好，因而也多作为街道树木、公园树木甚至神社佛阁树木而栽培。年轻的榉树树皮是光滑的，但是随着生长，树皮会出现脱落。作为木材，榉树的纹理漂亮，质地硬挺，所以被广泛运用于家具、造船、乐器等领域。譬如，在清水寺、唐招提寺、樱田门等很多有名的建筑物中，都使用到榉树。同时，榉树也是日本宫城县、福岛县和埼玉县的县树。

榉树和糙叶树这种大型的树木，可能是因为不怎么有家庭需求，所以我们没有见到市面上有它们的盆栽或者是树枝售卖。而且朴树、楠木、冬青树等的幼苗，好像也并没有见到过。或者是我的观察不够细致，接下来也还会继续留心观察的。

71 樟树

英文名 Camphor tree, Camphor wood

学名 *Cinnamomum camphora* 樟科樟属

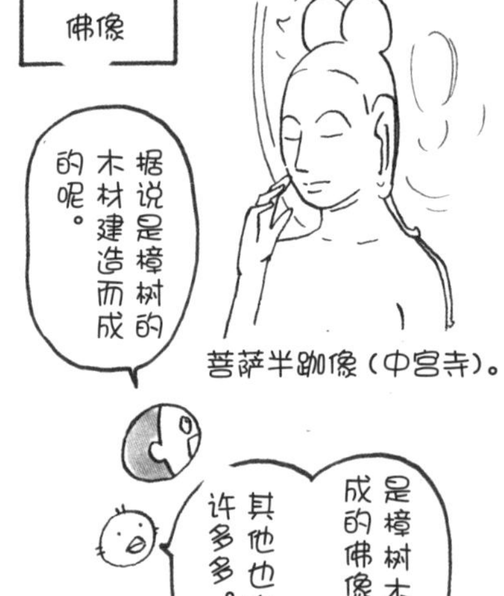

菩萨半跏像（中宫寺）。

樟树的枝叶茂密，呈饱满状圆形生长。新芽会有些发红，渐渐变成绿色。

秋季，樟树成熟的果实。

樟树，是樟科樟属的常绿大乔木。在日本的关东以南至九州地区，都能见到野生的樟树。雌雄同株的樟树，在初夏时开花，秋季结果。叶子的边缘呈波浪状，此外，有时候还会有泛红色或者黄绿色的嫩叶混杂在其中，可以说这也是樟树的特征之一了。树干、树叶、树根，都可以成为樟脑的原料，切碎树叶的话，可以闻到芬芳的香气。樟树多用作街道树木、公园树木以及神社佛阁树木，与榉树一样，是高度可达 20 米的大型树木，所以有不少被供奉为神社的神树。在东京都杉并区，有一处樟树被誉为“豆豆龙之树”，在日本其他各地，也有许多樟树被称作“巨树”或者是“天然纪念物”等。樟树还是兵库县、熊本县的县树。樟树的木材具有绝佳的防虫功能，所以也被广泛用于家具、建材、工艺品、乐器甚至雕刻作品当中。

在市场上，也是见不到樟树的，但是樟树的发芽率非常好，所以我们可以看见在城市的钢筋混凝土或者是柏油路缝隙间生长着它们的枝芽。我们家的阳台花架当中，也生长出了樟树的枝芽，但是因为樟树的幼苗不适宜移植，所以究竟该如何培植它，是我们最近一直在思考的事情。

72

野茉莉

英文名 Storax, Japanese Snowbell

学名 *Styrax japonicus* 安息香科安息香属

果实

夏季时，野茉莉的果实还是绿色的。

到了秋季，果肉会变干、破裂开，然后当中的种子便散落开来了。

这是山雀超级喜欢的食物。

野茉莉如果落了一地的话，会很漂亮。

野茉莉的花朵都是向下开放的。

野茉莉的果实也是朝下生长的。

安息香科安息香属的灌木或小乔木野茉莉，别名叫作山白果，在每年的 5~6 月绽放白色的、宛若星星一般的小花。也有花朵为淡淡粉色的品种，果实到了秋季便可成熟。在日本各地的山野间，野生着这样的野茉莉，株高可达 10 米左右，野茉莉也多用于庭院植物栽培。还没有完全成熟的野茉莉果实中含有毒素。但是野茉莉却可以作为中药药材，用水煎服，用于治疗关节肿痛，虫瘿内的白色粉状物与野茉莉花、叶、果共同研磨后，可用于治疗风湿痹痛。据说，在过去，野茉莉的果实还被用作清洗剂呢。其木材则被用来制作象棋等娱乐用具，以及建筑材料和燃烧类材料。

在山路上，开满的野茉莉，就像是满天的星星落下来一般，美妙而又令人心绪宁静，此时的野茉莉简直是地标植物一般的存在。

73

多花紫藤

英文名 Japanese Wisteria

学名 *Wisteria floribunda* 豆科紫藤属

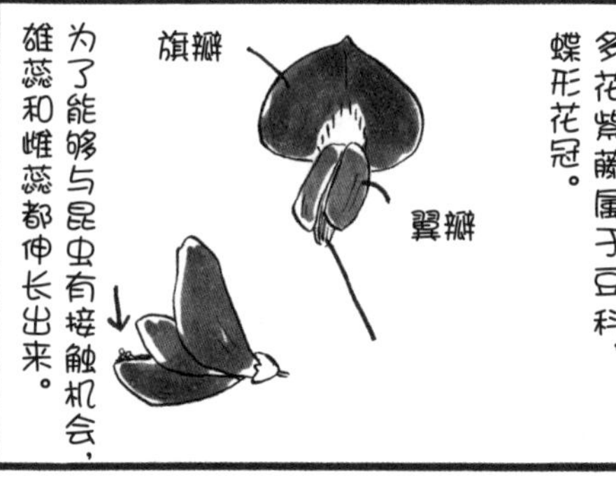

多花紫藤属于豆科，蝶形花冠。
旗瓣
翼瓣
为了能够与昆虫有接触机会，雄蕊和雌蕊都伸长出来。

果实
啪咔！
突然就绽裂开来，落下的种子，有时候会吓人一跳。

山紫藤。

夏天的多花紫藤花架。它们的果实不可食用。

不难看出，多花紫藤的花是从花穗的根部开始绽放的。

多花紫藤，又叫作日本紫藤，原产自日本，是豆科紫藤属的大型藤本植物。在日本，从本州到九州，都有野生生长的多花紫藤，而且在庭院和公园中，也经常能看到它们美好的身姿。多数情况下，为了更好地欣赏它们的美，人们会搭起紫藤架，譬如日本的龟户天神社【译者注：龟户天神社（旧称龟户天满宫）建于距今约 350 年的江户时代，主要供奉天满大神“菅原道真”。】便是观赏紫藤花的名所。多花紫藤是雌雄同株的植物，在春季开花，到了晚秋时节果实成熟。在夏季时节，依旧会长出新芽和花朵。

藤蔓属性的羽状叶植物，多数看上去和多花紫藤都比较相似。但是一般而言，可以将其大致分为两种类型，譬如上图中右边的这一种，叫作多花紫藤（又称日本紫藤）派系，左上角的是山紫藤派系。多花紫藤的话，花穗较长，从根部一直盛开到顶端。山紫藤的话，则叶子和花朵都比多花紫藤的要小，花穗也短一些。多花紫藤的藤蔓纤维，可以用来制作藤布、绳子以及用来编框，花朵可以食用，自古以来便是被人们广为利用的植物。

多花紫藤在园艺方面也非常受人们喜爱，其中也有花朵为粉红色和白色的园艺品种。最近特别受到关注的，当属形状宛若紫水晶那般神秘而美丽的美国紫藤。它们的花形更加圆润、饱满，花色也更加艳美，香气更加馥郁，总之，有着与普通的多花紫藤所不具有的魅力。而且每年可以开花两次，实在是惹人喜爱。

74

光蜡树

英文名 Formosan Ash, Griffiths Ash

学名 *Fraxinus griffithii* 木犀科梣属

光蜡树的果实最开始是白色的。

到了秋季，果实成熟时的样子。

呈羽状多叶的光蜡树树叶。

花开之后，光蜡树便会结出果实。

光蜡树是木犀科梣属的半落叶高乔木。雌雄异株，并且会在初夏时节开出白色的花朵。在开花之后，能够结出带有翼种子的，便是雌树了。如果想要通过叶片或者树干来辨别光蜡树的雌雄，可是很难的。

在过去，光蜡树在关东地区是很难过冬的，但是因为近些年来全球变暖，所以关东的光蜡树即使在冬季会掉落些叶片，却是可以越冬的了。因此，光蜡树也成了关东地区的庭院类树木的一种。在公寓区，可以经常见到有栽培光蜡树的。因为它们生命力顽强，基本上没有什么虫害病，所以近几年来越发的人气高涨。

75 荷花玉兰

英文名 Southern Magnolia

学名 *Magnolia grandiflora* 木兰科木兰属

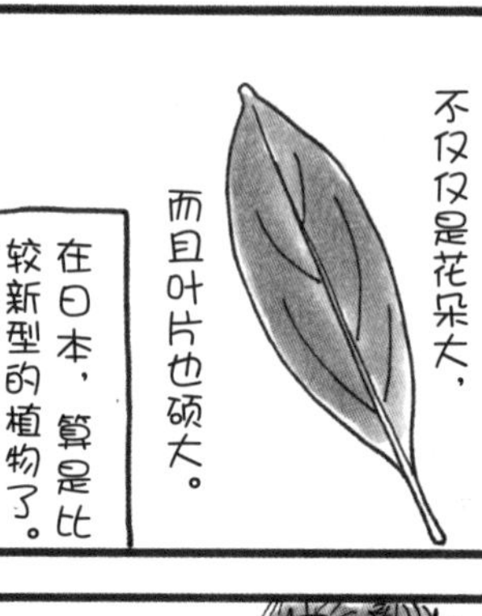

荷花玉兰，是于1873年被引进到日本的。

不仅仅是花朵大，

而且叶片也硕大。

在日本，算是比较新型的植物了。

花

荷花玉兰，和白玉兰、辛夷一样，都是雌蕊先成熟的类型。

芬芳的香气，和大片的花瓣，都是向昆虫宣传自己的方式。

果实

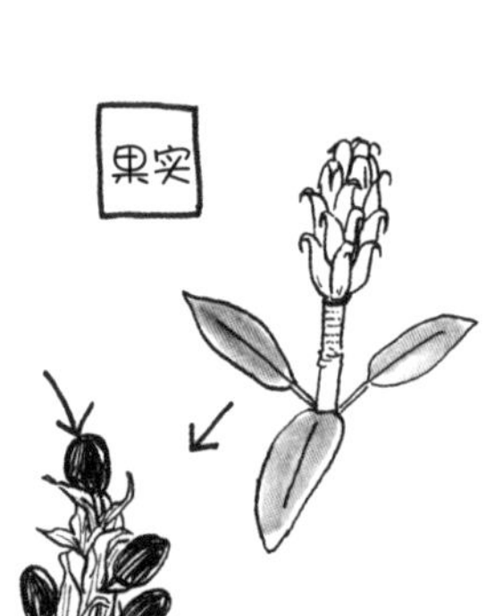

秋季时节，果实一旦成熟，便会露出红色的种子。

花福花店笔记

这种植物，在市场上也能见到吗？

见不到呢。荷花玉兰是需要种植的，会长得很大，所以不是在院子里的话是养不了的。

荷花玉兰的花朵很大，当我们走到树下的时候，便可以闻到花香。

树木高耸，枝叶不怎么横向生长。

荷花玉兰是木兰科木兰属的常绿高乔木，别名叫作洋玉兰。它们是雌雄同株，在初夏时节会开出大朵大朵的白色花儿，到了秋季结果。原产自北美洲东南部，是美国路易斯安纳斯州的州花，在日本明治时期刚开始的时候引入到日本，可以说是比较新型的花了。在日本明治 12 年的时候，美国前总统尤里西斯 · 辛普森 · 格兰特来到日本，携其夫人共同在上野公园亲手种植了荷花玉兰，这一株具有历史意义的荷花玉兰在如今的上野公园中仍然能够看得到，它被人们称为“格兰特玉兰”。在中国，荷花玉兰被称为“广玉兰”“泽玉兰”。

荷花玉兰的树木高度可达 20 米，是非常高耸的植物，在日本的公园、神社、佛阁中都可以见到它们。最近，市面上出现了四季都可以开花的荷花玉兰的新型园艺品种，花期这么持久，自然是极其受到欢迎。非常适合用来作地标性植物呢。

76

日本厚朴

英文名 Japanese Bigleaf Magnolia, Japanese Whitebark Magnolia

学名 *Houpoea obovata* 木兰科厚朴属

在枝丫前端，会生长出花芽。照片中呈现的是落叶后，日本厚朴在冬日的状态。

在山林中，它属于叶片很大的树木。

树叶聚集生长在枝丫的前端。

在日本各地的山林里面都有野生生长的日本厚朴，别名日本紫油朴。它们是雌雄同株，会在每年的 5~6 月绽放大朵大朵的花儿。果实会在秋季结成，成熟时便会冒出红色的种子。另外，因为日本厚朴能释放出毒素，所以树旁不会生长杂草，这是它们的特征之一。并且日本厚朴的树叶具有杀菌效果，因此在过去，它们硕大的叶片曾被用于食器，包、盛食物。在飞弹高山的乡土料理当中，日本厚朴叶的味噌汤和寿司都非常有名。日本厚朴的木材质地比较柔软，适合用于制作木屐、制图版以及雕刻工艺品。而日本厚朴的树皮，在风干后则是中药的原材料。在《万叶集》当中，有两首诗是咏诵这种植物的，由此来看日本厚朴自古以来就是我们的朋友。在市场上，我们虽然没见到过日本厚朴的身影，但是可以通过网络渠道买到它们的树苗。如果我们家有宽敞的庭院，真的很想种植日本厚朴试试看呢。

77

紫阳花

英文名 Bigleaf Hydrangea

学名 *Hydrangea macrophylla* 虎耳草科紫阳花属

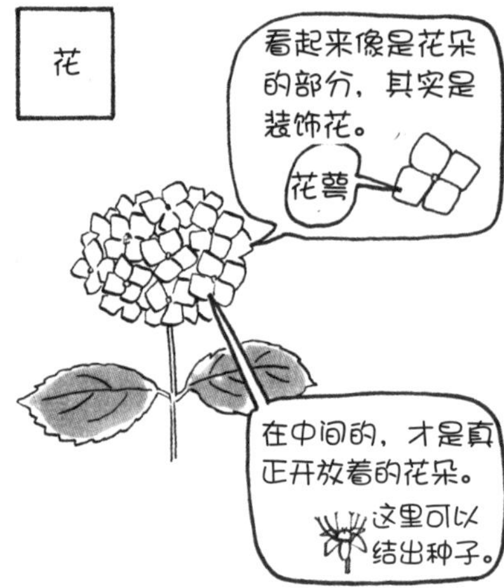

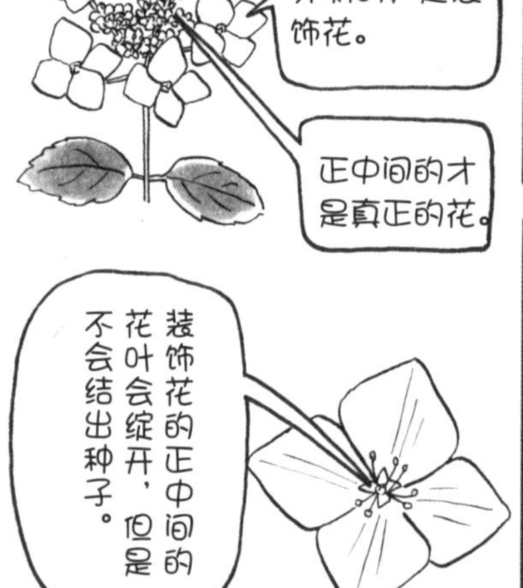

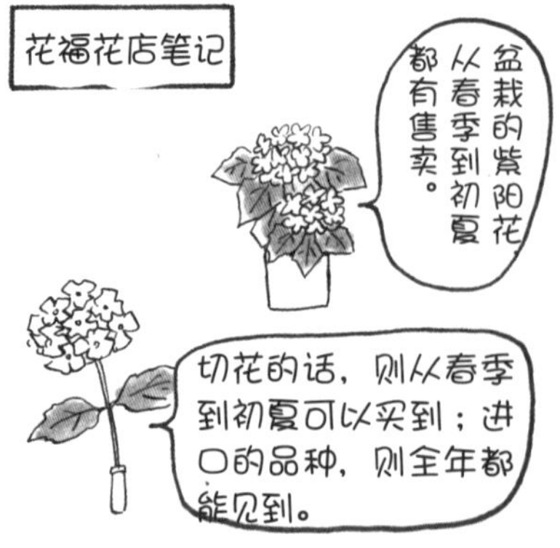

萼紫阳花。

萼紫阳花的果实。

装饰花的影子里，藏着真正的花。

装饰花呈可爱、饱满的球状，这便是球紫阳花。从外面是看不见真正的花朵的。

紫阳花，是紫阳花属的落叶灌木，高度可至 2 米左右，中国也称绣球、八仙花等。紫阳花是雌雄同株的植物，在初夏季节会绽放花朵，冬季落叶。在公园、庭院、神社、佛阁，我们都可以见到紫阳花的身影，因为它们可以通过扦插的方式轻松成活。而萼紫阳花，则原是用于观赏的，人工培养出来的园艺品种，现在所谓的圆形的紫阳花，其实多是这一品种。另外，作为区分，西洋紫阳花“Hydrangea”在日文中也有相应的音译称法。紫阳花的花朵（准确说来应当是装饰花）的颜色，是可以根据所生长的土壤的酸碱度而发生变化的。近年来，紫阳花的花色与形状都出现了很多新鲜的面孔，丰富到让人惊讶的程度。

紫阳花在《万叶集》当中也有所记载，所以这也是日本自古便有的植物。在西博尔德所著的《日本植物志》当中，对紫阳花有这样的描述——“紫阳花，泷之花”。“泷”是西博尔德深爱的妻子——长崎女子“楠本泷”的名字，这个故事是否属实，无从考证，但是唯美、动人的故事，让紫阳花更添一分迷人。

78

毛泡桐

英文名 Princess Tree

学名 *Paulownia tomentosa* 玄参科泡桐属

花

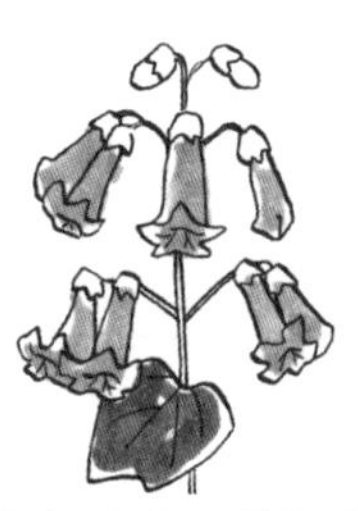

在5月~6月的时候，毛泡桐会开出紫色的、香气芬芳的花朵。

果实会于秋季成熟。

相似的植物有青桐

青桐属于梧桐科，毛泡桐属于玄参科。

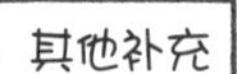

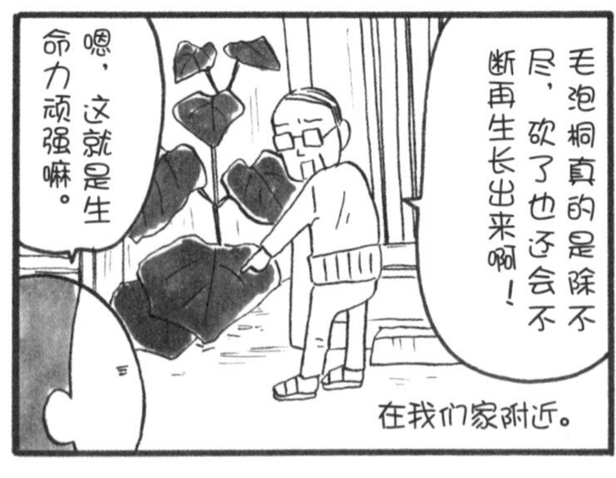

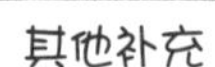

其他补充

丰臣秀吉的家纹，便是五三桐的太阁纹。

12月花札，便是毛泡桐上栖凤凰。

毛泡桐的幼树。

毛泡桐的花。

毛泡桐小树的大叶子。

毛泡桐，是玄参科泡桐属的高乔木，它们是雌雄同株，会在每年的 5 月 ~6 月期间，开出紫色的花朵，因此又有别名“紫花桐”。毛泡桐的果实会在秋季成熟，破裂开后，其中的种子便会四散开来。在庭院、公园当中，都能够见到毛泡桐，在山中或者城市里，都可以见到很多野生的毛泡桐。它们即便是幼树，也有硕大的叶片，因此显得特别醒目。饭桐、青桐等名字中含有“桐”的树木为数不少，而且姿态相仿，但是其实它们确属于不同的科属呢。毛泡桐的木材具有极好的耐湿性，因而是日式衣橱的好材料，也经常被用于制作其他的家具、木屐、乐器等。而且毛泡桐生长速度很快，所以在过去，如果一户人家得了女孩儿，便会种下毛泡桐，等她出嫁时，这棵陪伴她成长的毛泡桐便会被用来打造成日式衣橱，作为嫁妆，陪伴她一起出嫁。此外，在日本护照、500 日元硬币、总理大臣的勋章上面，你都可以发现毛泡桐的图案。但是因为毛泡桐实在是会生长得太大，所以并不怎么适合种在日本的庭院，而原种在市场上也很少可以见到。

79

夹竹桃

英文名 Oleander, Nerium

学名 *Nerium oleander* 夹竹桃科夹竹桃属

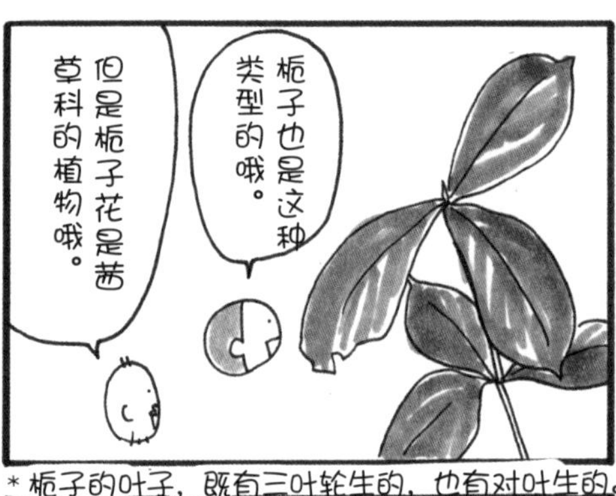

* 栀子的叶子，既有三叶轮生的，也有对叶生的。

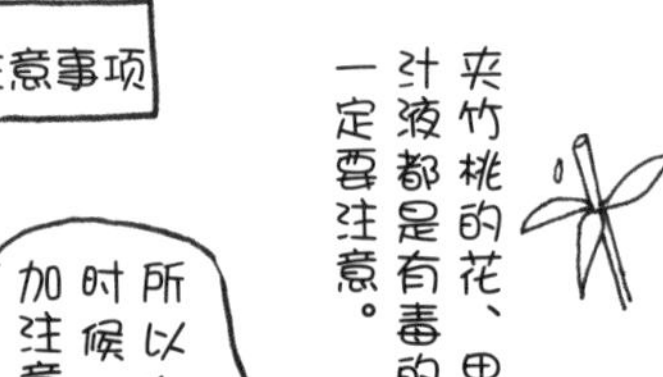

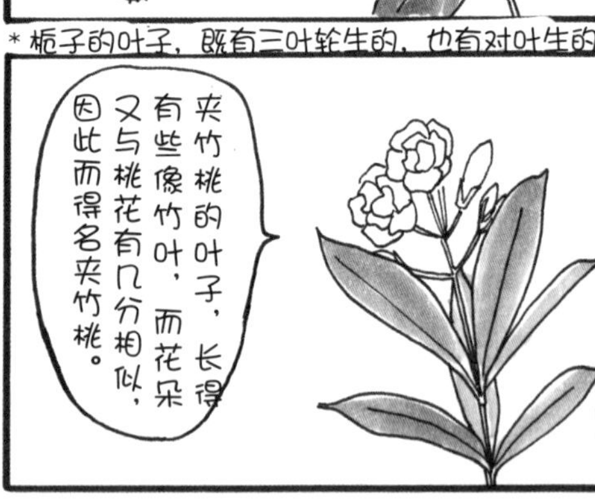

注意事项

夹竹桃的花、果、汁液都是有毒的，一定要注意。

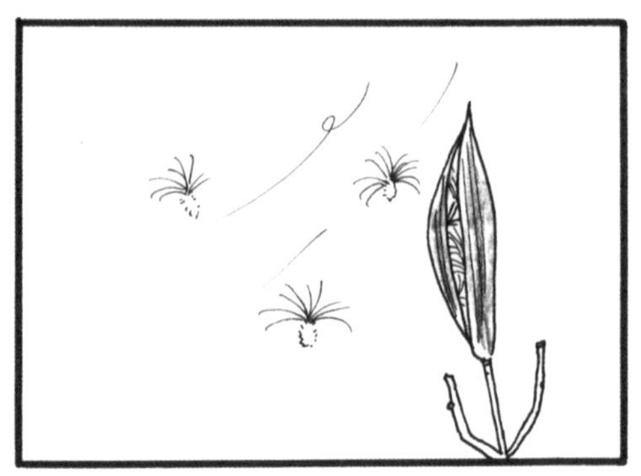

花福花店笔记

夹竹桃的花朵中心处，有茸茸的突起部分（副花冠）。雄蕊尖部捻合在一起，成为一束的样子。

呈螺旋状的花朵。

三叶轮生的叶片。

夹竹桃是夹竹桃属常绿直立灌木，原产地是从印度至地中海的地区，日本的夹竹桃则是在江户时代中期引进的。夹竹桃是雌雄同株的植物，从初夏到秋季，都是它的花期，花开的时间较长。花朵有粉色的、白色的和黄色的，还有多重花瓣的类型，而且通过扦插很容易成活，因此，也是非常受欢迎的庭院植物之一。夹竹桃的名字由来，好像是因为它们的叶子长得像竹叶，而花朵又与桃花相似，因此得名“夹竹桃”。此外，夹竹桃具有非常顽强的生命力，也可以对抗大气污染，因此在高速公路两旁的绿化带以及公园等处，我们都可以见到它们的身影。

80

紫薇／百日红

英文名 Crape Myrtle, Crepeflower

学名 *Lagerstroemia indica* 千屈菜科紫薇属

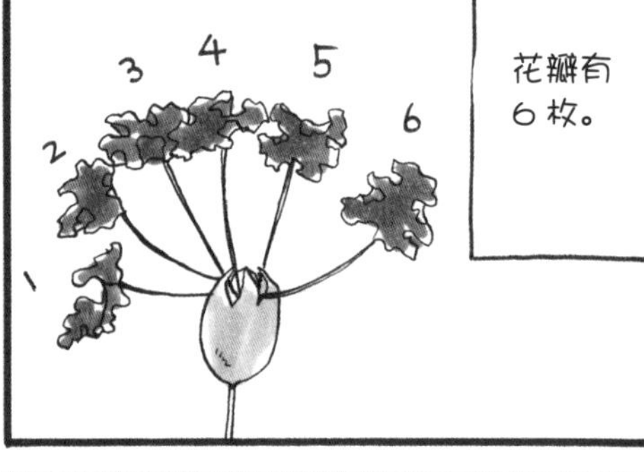

叶

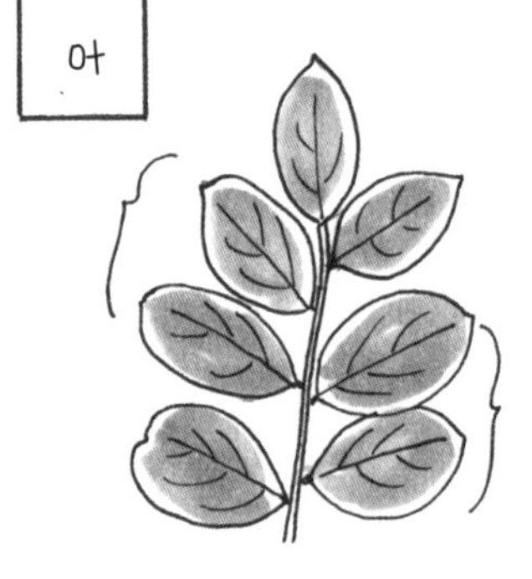

左右两片叶子的排列方式不同寻常。

两种叶序（互生、对生）。

也有叶子是对生类型的紫薇哦，找找看吧。

果实

秋季到冬季时节，果实会成熟，一旦成熟便会绽裂开来。

种子

翼

花福花店笔记

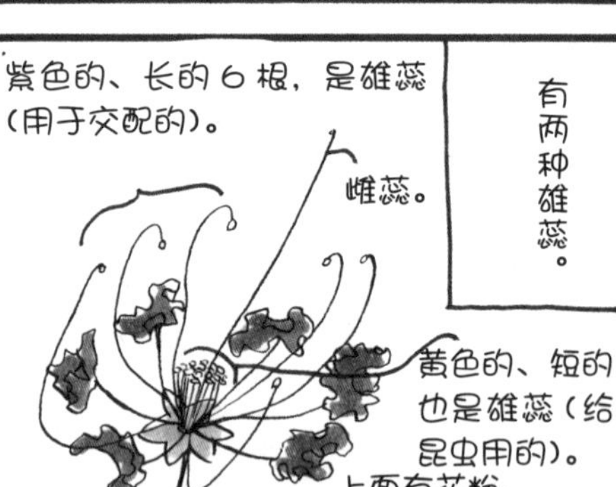

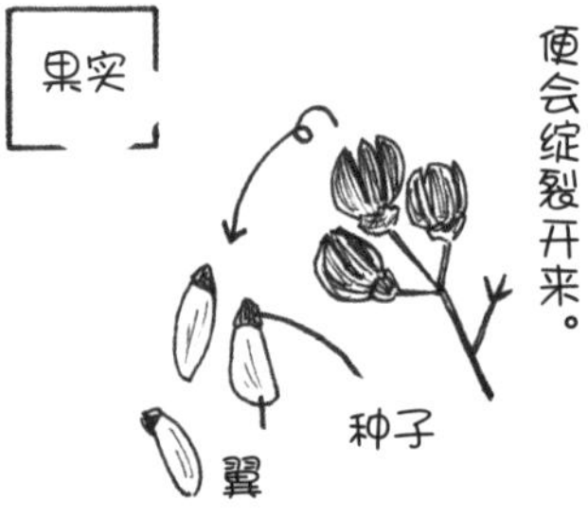

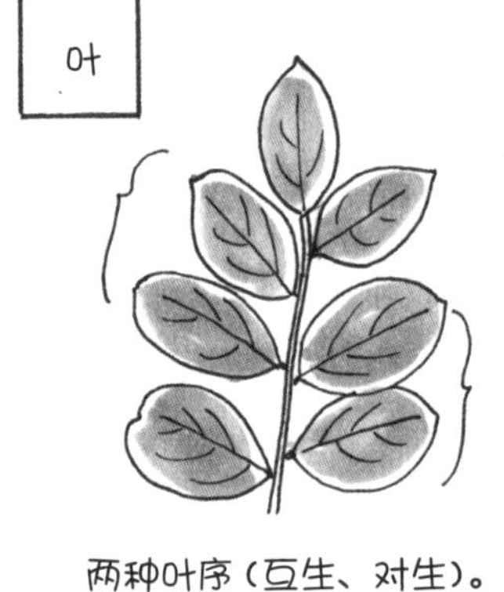

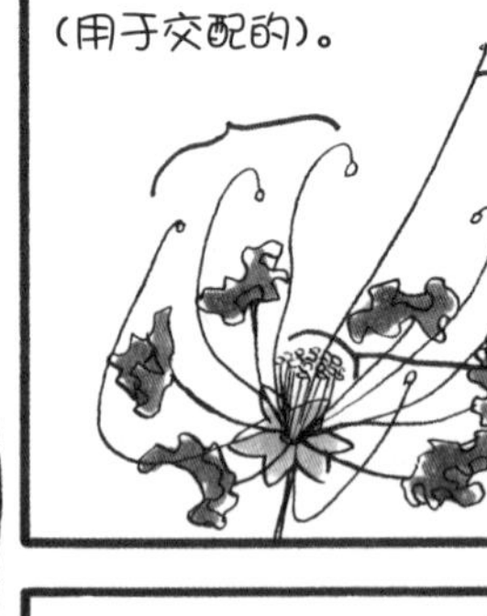

紫薇，是千屈菜科紫薇属的落叶灌木或小乔木，雌雄同株。它们的大花朵，可以从初夏便绽放，一直到了秋季时节才逐渐败落，具有很长的花期，因此也得名“百日红”。而到了秋季，紫薇成熟的果实也是鸟儿们特别喜爱的食物。在我们家附近，总是会有白头翁和麻雀为了啄食紫薇的果实而闹出很大动静。而紫薇的又一特点便是其光滑无比的树干，有人说，就连猴子，也会在紫薇树上滑倒呢。紫薇是原产自中国的植物，据说大概是镰仓时代前一点的时候才被引进日本的。紫薇的花朵，有粉红色的、红色的、白色的，也有多重花瓣的品种。而紫薇的木材坚硬又细密，因此多被用作家具建材、土木建材以及船舶建材等。如果日照条件差的话，紫薇的开花也会变差，所以种植紫薇的话，需要选择日照环境优良的地方。在上一页的漫画当中也有提到，紫薇花的花朵构成是很有趣的，下次见到的时候，不妨细细观察一番。

紫薇的树干肌理光滑。

冬季，落叶后残留在枝头的紫薇果实。

有翼的紫薇种子，可以随风扩散。

紫薇的长雌蕊和短雄蕊。

紫薇在冬季时节落叶后的姿态。

紫薇在夏季时节可以开花很久。

81 大花六道木

英文名 Glossy Abelia

学名 *Abelia × grandiflora* 忍冬科六道木属

花

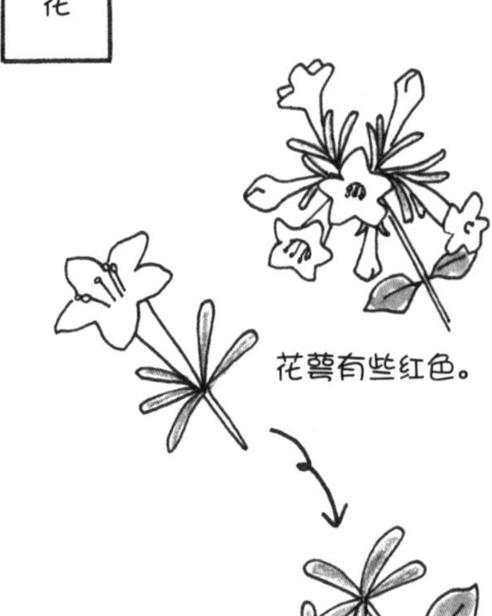

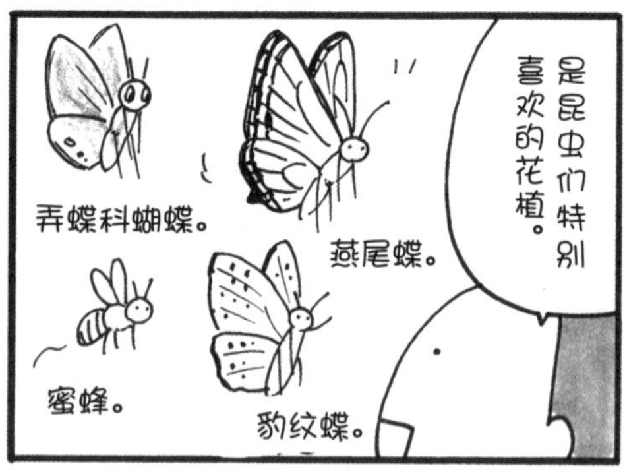

相似的花

花福花店笔记

在大花六道木的花朵败落后，会留下有点发红色的花萼，看上去也宛若花朵。

香甜的气味，非常受昆虫们欢迎。

忍冬科六道木属的大花六道木，是半常绿的低乔木，在东京都内，基本上属于常绿植物，它们的高度为 1~3 米。一般在日本被称为“大花六道木”的，多是原产自中国的杂交品种，从初夏时节到秋季，大花六道木的花朵都会绽开，白色的娇俏花朵释放出香甜的气味从而招蜂引蝶，你一定会在它们的花朵中发现大块头的蜜蜂。

大花六道木生命力顽强适合修剪，是在花开比较少的盛夏时节依旧可以绽放花姿的植物，因此，我们经常会在公园的墙壁以及停车场里见到人工培植的大花六道木。最近，这种植物也开始广泛地应用于公寓绿植，盆栽的种类也逐渐多了起来。因此，花匠也应势培育出许多不同颜色叶子的园艺类品种，而盆栽类型的大花六道木，依旧主要会在盛夏时节出现在花市上。

82 臭梧桐

英文名 Harlequin Glorybower, Glorytree

学名 *Clerodendrum trichotomum* 马鞭草科大青属

红色的花萼比较引人注意。

到了秋季，结出的青色果实可以用于蓝色的颜料。

浅蓝色。

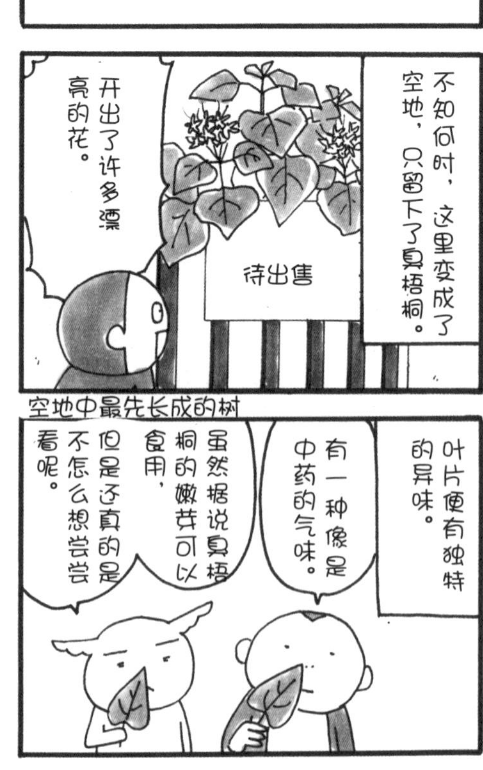

在城市里，也到处都生长着臭梧桐。不妨找找看哦。

鲜艳的红色花萼非常引人注意。长得有几分像桂叶黄梅。

臭梧桐的花。长长的雄蕊是其特征。

臭梧桐是马鞭草科大青属的落叶灌木或小乔木，雌雄同株，树木高度可达8米。在日本全国各地都能看到野生的臭梧桐，即便是在城市里，也有很多野生臭梧桐生长在空地里或公园中。长有细细毛毛的心形叶片，是臭梧桐的标志之一。臭梧桐是因为叶片散发出来的异味而得名，自然也是因为这一点而不受人待见，但是它们在夏季时节开出的花朵却出奇可爱。而它们金属蓝色的果实，在红色花萼的包裹下，呈现出强烈的视觉冲击力，无比美艳，宛若桂叶黄梅般明艳动人。臭梧桐的果实还经常用于布艺染制领域，可以染制出漂亮的蓝色。

另外，臭梧桐会绽放出红色的花朵，形状就像是绣球那般饱满、圆润。臭梧桐具有超强的繁殖力，在我们家附近的空地上生长着臭梧桐，每一年都扩大着自己的领域，即便是再怎样割剪，也无法阻止它们生长。

83 木槿

英文名 Rose of Sharon, Shrub-althaea

学名 *Hibiscus syriacus* 锦葵科木槿属

木槿的种子，生长着像是莫西干似的毛毛。

花朵长得也蛮像朱瑾花的。

向上伸展的树形。

锦葵科木槿属的木槿，是落叶低乔木，也被叫作无穷花。树木高度可达 2~4 米，是雌雄同株，从夏季到秋季都会开花的植物，而且花朵的样子与朱瑾花比较相似。虽然有日本民谚讲“瑾花只有一日繁华”，但是木槿的花朵会早晨开花傍晚关闭，这样重复开上数日。从秋季到冬季，木槿的果实成熟了，而后破裂，种子从中飞出去传播开来。木槿的叶子分有三瓣和没有瓣的两种。这两种叶子属于不同的木槿品种，它们原产自印度以及中国，据说大概是到了奈良时代，才由中国引进过来的，松尾芭蕉在《马上吟》中有名句“路旁白槿花，马儿吞食它”，由此可见，到了日本的江户时代，在道路两旁都已经生长着木槿花了。而且，它们在插花当中，也颇受欢迎。

在庭院和绿篱中我们都可以寻觅到木槿的踪影，当然还有很多它们的变种小伙伴，有的花朵是白色，有的是粉色，有的则有点绿色。在夏季，花市上便出现了许多盆栽的木槿。虽然有一些客人辨别不清楚木槿与芙蓉花，认为它们十分相似，但是正如上一页漫画中所描述的那样，这二者其实也是不难辨别的呢。木槿比起芙蓉花来，无论花朵还是叶片都要小一些，叶子的形状也不同，所以，你更喜欢芙蓉还是木槿呢？

84 栀子

英文名 Cape Jasmine，Common Gardenia

学名 *Gardenia jasminoides* 茜草科栀子属

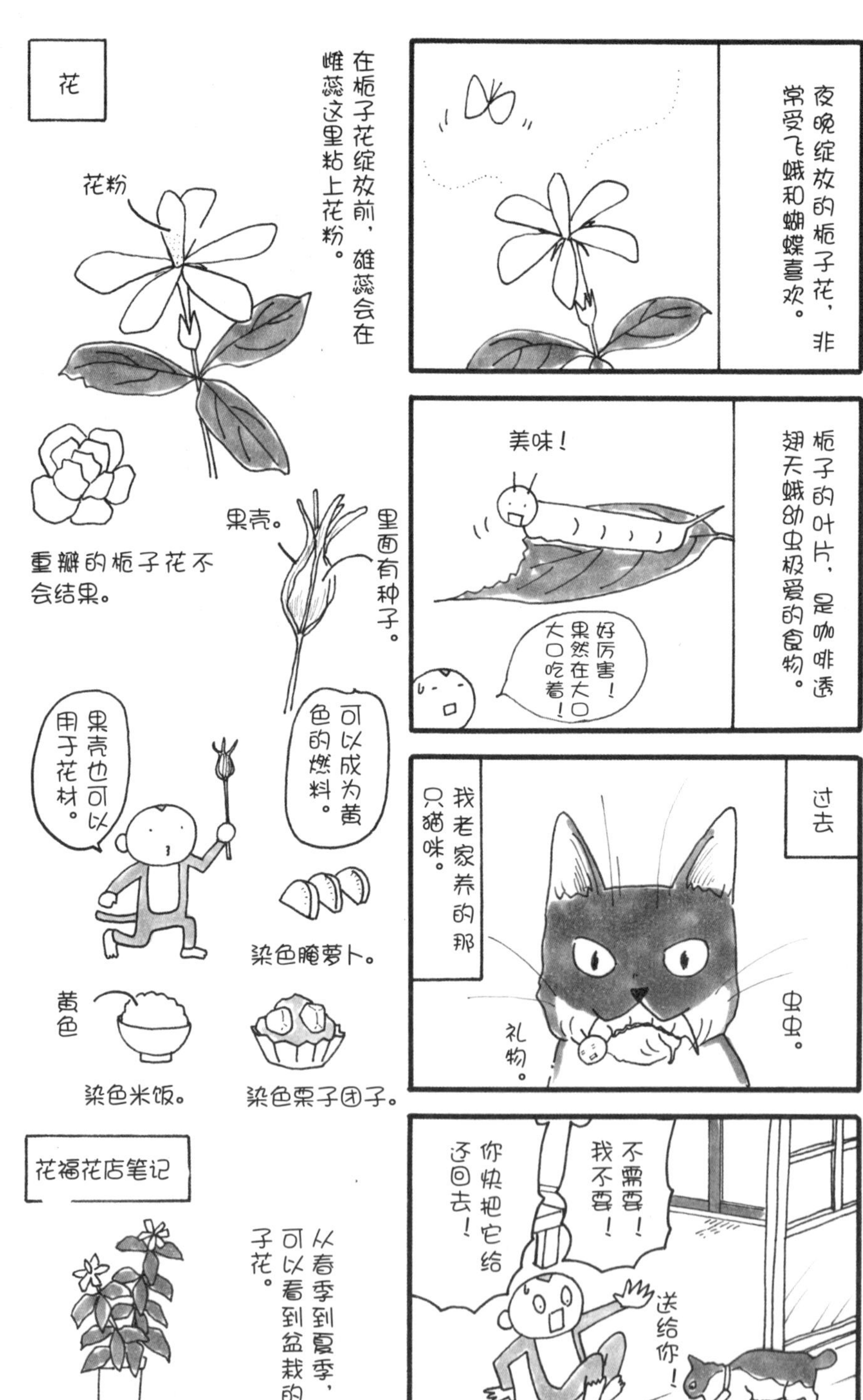

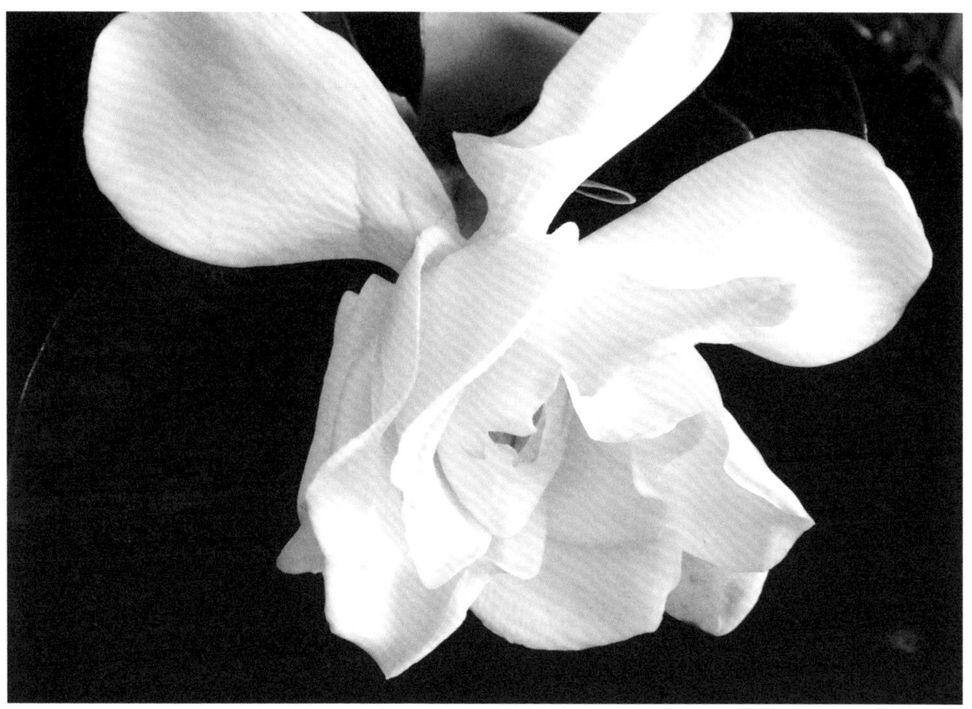
重瓣开花的栀子花，从外侧看不见雄蕊或是雌蕊。

嫩嫩的果实。

叶梗与叶片衔接的地方，有呈筒状的拖叶。

栀子花的叶子，是咖啡透翅天蛾幼虫的食物。

栀子，是茜草科栀子属的常绿低乔木。树高最高可达 3 米。在日本，野生的栀子生长在静冈县以西的温暖地带，关东以南地区。在庭院和公园中也种植着栀子。栀子是雌雄同株植物，在初夏时节，便会绽放白色的花朵，香气宛若茉莉，令人十分迷醉。栀子也分为单瓣花和重瓣花两种类型，其中，单瓣品种可以作为染制业的可食用染料、中药材的原料，甚至是花材。重瓣的栀子，因为无法结出果实，所以主要依靠扦插的方式来进行培植。栀子花的香气馥郁，所以也十分受昆虫的喜爱，在其叶片上看到大条大条的咖啡透翅天蛾幼虫，难免会大煞风景。如果你打算把栀子带回家，一定要注意帮它驱虫哦。

85

美花红千层

英文名 Crimson Bottlebrush, Lemon Bottlebrush

学名 *Callistemon citrinus* 桃金娘科红千层属

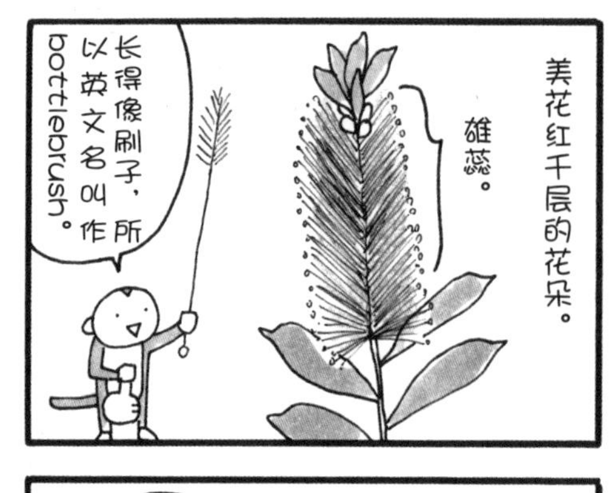

利用山火灾进行传播的树木。

山火过后，一场雨水便会令其发芽。

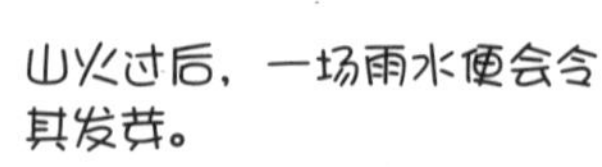

像是刷子的细细的红色部分，其实是美花红千层花朵的雄蕊。在花序的前端，会生长出枝条。

果实都生长在花枝上。

美花红千层绽放时宛若燃烧一般，极具气势。

美花红千层是桃金娘科红千层属的常绿灌木或小乔木，雌雄同株，它的别名又叫作硬枝红千层、多花红千层。这是原产自澳大利亚的植物，在夏季时节开花，花朵宛若红色的刷子一般吸引人的视线。美花红千层的生命力顽强，易于栽培，因此近年来作为庭院植物，越发受欢迎。虽然红色花朵的品种是最受欢迎的，但是也有粉红色、白色花朵的品种。此外，在原产自澳大利亚、新西兰的植物当中，不乏个性派以及有趣味感觉的植物，譬如尤加利、金蒲桃等，在海外也是逐渐受到认可，越来越受欢迎。

86 光叶子花

英文名 Lesser Bougainvillea, Paperflower

学名 *Bougainvillea glabra* 紫茉莉科叶子花属

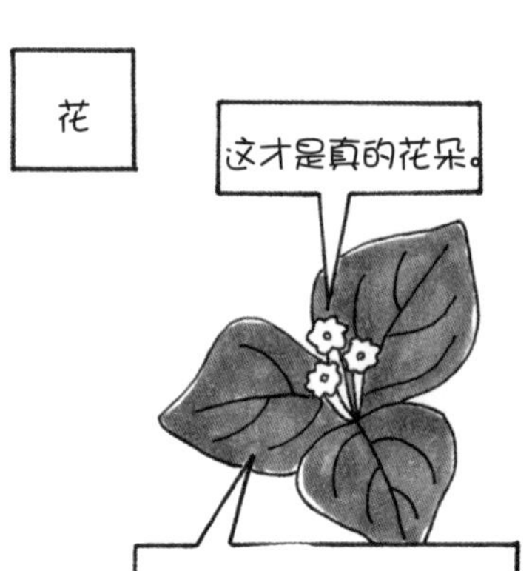

花

花福花店笔记

有不同花朵颜色的光叶子花，敬请选购。

正中间白色的小小的部分，才是真正的花朵。花朵败落后，花苞还会继续存留着。

在花苞像花朵那样绽放开后，里面真正的花朵才会绽开。

在东京都内，光叶子花会一直开到晚秋时节。

光叶子花，紫茉莉科叶子花属，是具有热带藤蔓性质的常绿植物。虽说具有藤蔓属性，但是不会卷起来，而是会攀附着其他的树木或者墙壁生长开来的类型。光叶子花是原产自中美到南美地区的，具有热带属性的植物，但是在日本的关东南部地区，如果是在房子下那种可以躲避冷风吹到的地方，它们也是完全可以越冬生长的。盆栽类的光叶子花到了冬季，多少会掉落一些叶子，而如果是在地表种植的光叶子花，我们则可以看到它们洋洋洒洒的叶子生长得好像要把一座房子包裹起来的样子。光叶子花看起来像是花朵的部分，其实是花苞，不仅仅有紫色的品种，还有黄色、橘色的品种，任君选择。

87

桂花

英文名 Fragrant Olive, Sweet Osmanthus, Tea Olive, Sweet Olive

学名 *Osmanthus fragrans* 木犀科木犀属

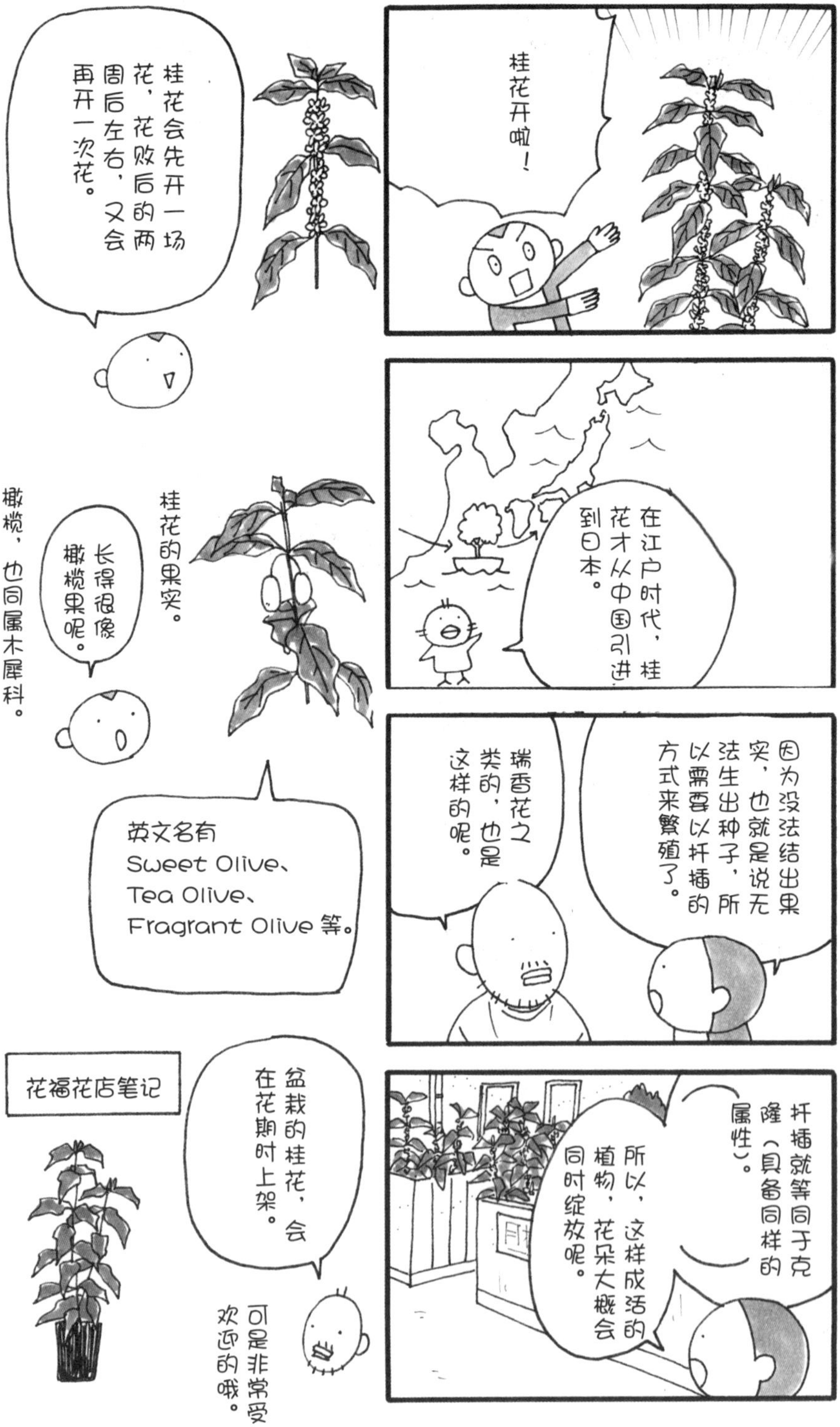

桂花开啦！

在江户时代，桂花才从中国引进到日本。

因为没法结出果实，也就是说无法生出种子，所以需要以扦插的方式来繁殖了。

瑞香花之类的，也是这样的呢。

扦插就等同于克隆（具备同样的属性）。

所以，这样成活的植物，花朵大概会同时绽放呢。

桂花会先开一场花，花败后的两周后左右，又会再开一次花。

桂花的果实。

长得很像橄榄果呢。

橄榄，也同属木犀科。

英文名有 Sweet Olive、Tea Olive、Fragrant Olive 等。

花福花店笔记

盆栽的桂花，会在花期时上架。

可是非常受欢迎的哦。

在东京都内，这些年桂花都是大约在 9 月下旬的时候开花。

桂花，会在春季生长出来的新芽上发出花芽，到了秋季才绽放。

桂花是木犀科木犀属的常绿小乔木，雌雄同株，树高可达 6 米。花朵是橘色的小花，被视作秋季标志性的花朵。桂花原产自中国，在江户时代才引进到日本，但是在日本桂花没有办法结果、育种，只能通过扦插的方式繁殖。因此，它们其实都是具有同样性质的，可以说是克隆出来的植物，花朵多数也会在同一时期绽放，甚是美好。桂花的第二轮花，会在初轮花败落后的 2~3 周后绽放，千万不要错过它们哦。桂花很适应剪枝，所以经常被种植于庭院以及公园当中。如果不做修剪任其发展，它们可以生长得很高大，呈现圆润、饱满的树形。另外在日本，桂花、瑞香花与栀子花，可是有着三大香植的美称哦。

88

日本紫珠

英文名 Japanese Beautyberry

学名 *Callicarpa japonica* 马鞭草科紫珠属

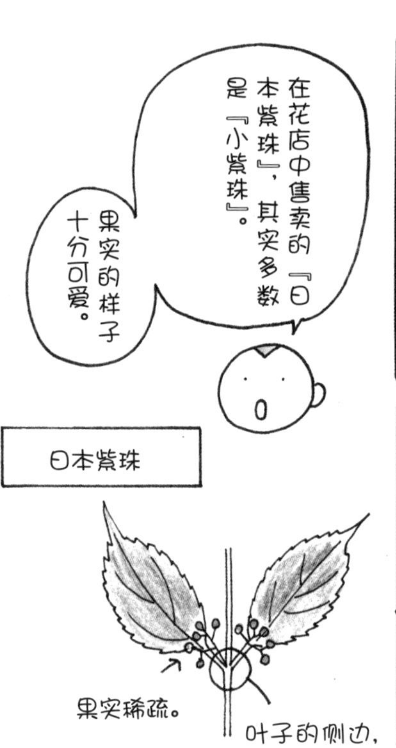

某天，在我们家阳台的盆栽里面，生长出来一株神秘的植物。

这是什么来着？总感觉见过它。

叶片是长椭圆形的。

渐渐地，这株植物长大了，我也终于知道，

它居然是日本紫珠！！（经常与小紫珠混淆）。

最开始，它的叶片还是圆圆的，辨别不清楚呢。

这是谁拿到我们家的呀？

是我！

是我呀！

在花店中售卖的『日本紫珠』，其实多数是『小紫珠』。

果实的样子十分可爱。

日本紫珠

果实稀疏。

叶子的侧边，生长着花序。

小紫珠

果实生长得很密集。

叶子的一半呈现锯齿状。

从茎部生长出花序。

花

初夏时节，会绽放淡淡的粉红色的花朵。

果实在秋季成熟，成为漂亮的紫色小果子。

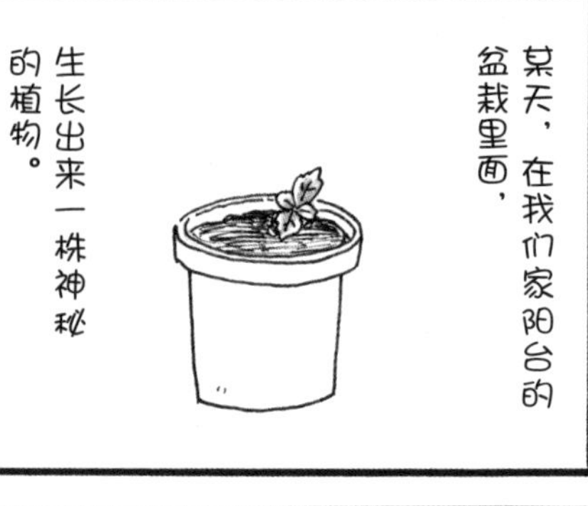

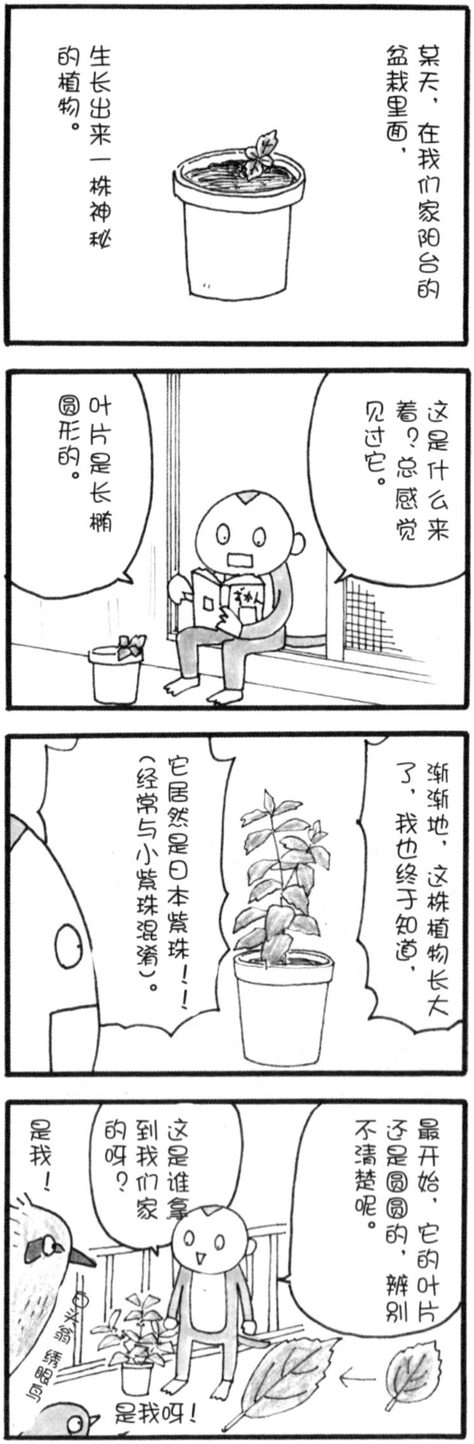

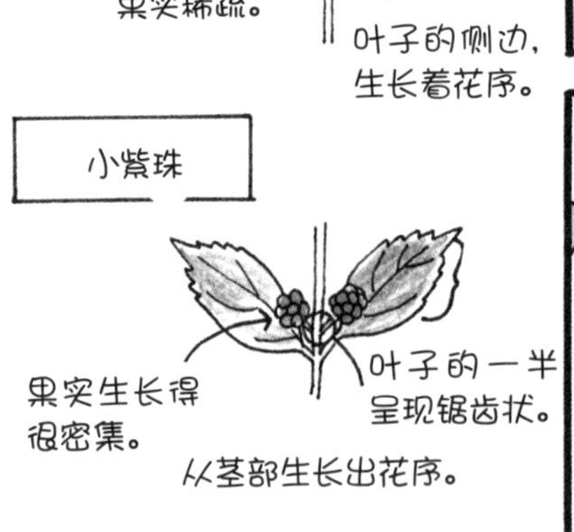

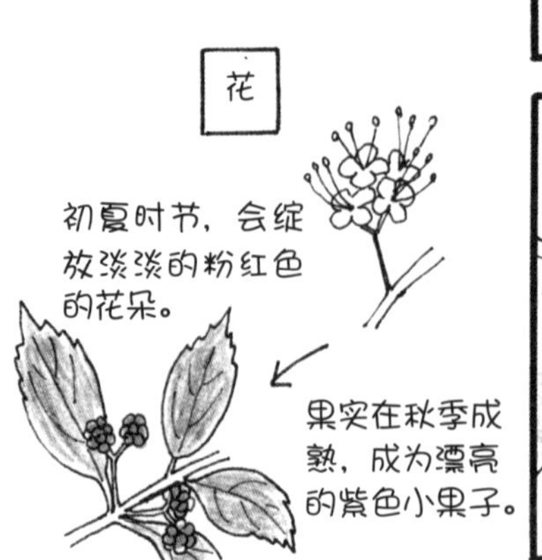

日本紫珠，叶子整体都呈现锯齿状。

小紫珠的花朵，小紫珠的叶子只是上半部分有锯齿。

小紫珠的果实生长得十分密集。

日本紫珠为雌雄同株，是马鞭草科紫珠属的落叶低乔木，树木高度可达 2~4 米。从日本的北海道南部一直到冲绳，都有野生的日本紫珠，也有在庭院里经常种植的品种。在很多花店里面，打着日本紫珠招牌在售的，其实多数是小紫珠。小紫珠比起日本紫珠来，果实会更加圆润、密集，叶片和树木都会小一些，生长在日本的本州以南的地区。无论是日本紫珠还是小紫珠，都有白色果实的品种。到了秋季，花市上便会出现结满果实的紫珠盆栽。

89 小叶青冈

英文名 White Oak, Chinese Evergreen Ooak

学名 *Cyclobalanopsis myrsinifolia* 壳斗科青冈属

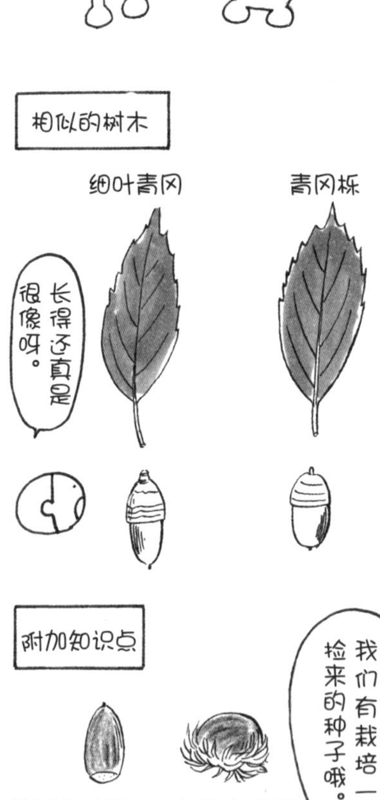

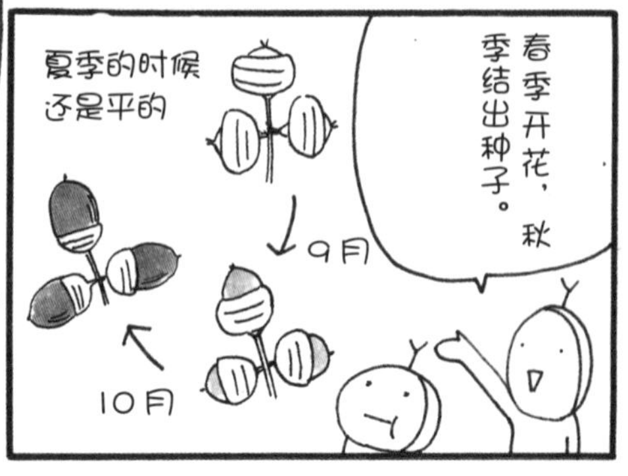

我捡到一顶帽子。

这个部分叫作『壳斗（qiao dou）』啊兄弟。

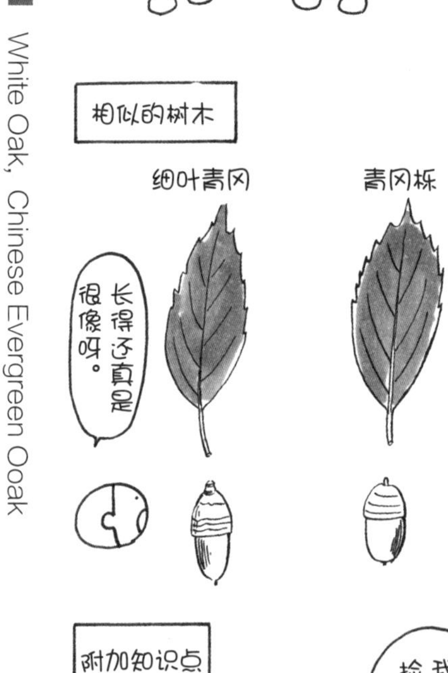

附加知识点

我们有栽培一些捡来的种子哦。

附加知识点。

枹栎的种子。 麻栎的种子。

小叶青冈会在 6 月开花，10 月结出种子。在种子落下后，只要是水分充足的环境，它们就可以很容易发芽。

小叶青冈种子。

小叶青冈的叶子。

小叶青冈，是壳斗科青冈属的雌雄同株高乔木。从日本的东北地区开始，至九州地区的海拔较低的山野与树林中，都生长着野生的小叶青冈。有一些青冈会生长成很高的巨树，而被评定为“天然纪念物”。它们也被叫作“白橡木”，据说是因为比青冈栎的树皮要白而得名。这是一种很少生病、生命力顽强的树木，因此我们会经常在庭院中、园林中、街道两旁见到它们的身影，而且还经常被用作防风林。

在日本的关东地区，很多公寓的大门处会栽种着小叶青冈。它们春季开花，秋季结子，但是如果树龄尚短，便结不出果实。要想结出种子来，还是需要一定的树龄才可以呢。

90 银杏

英文名 Maidenhair Tree, Gingko

学名 *Ginkgo biloba* 银杏科银杏属

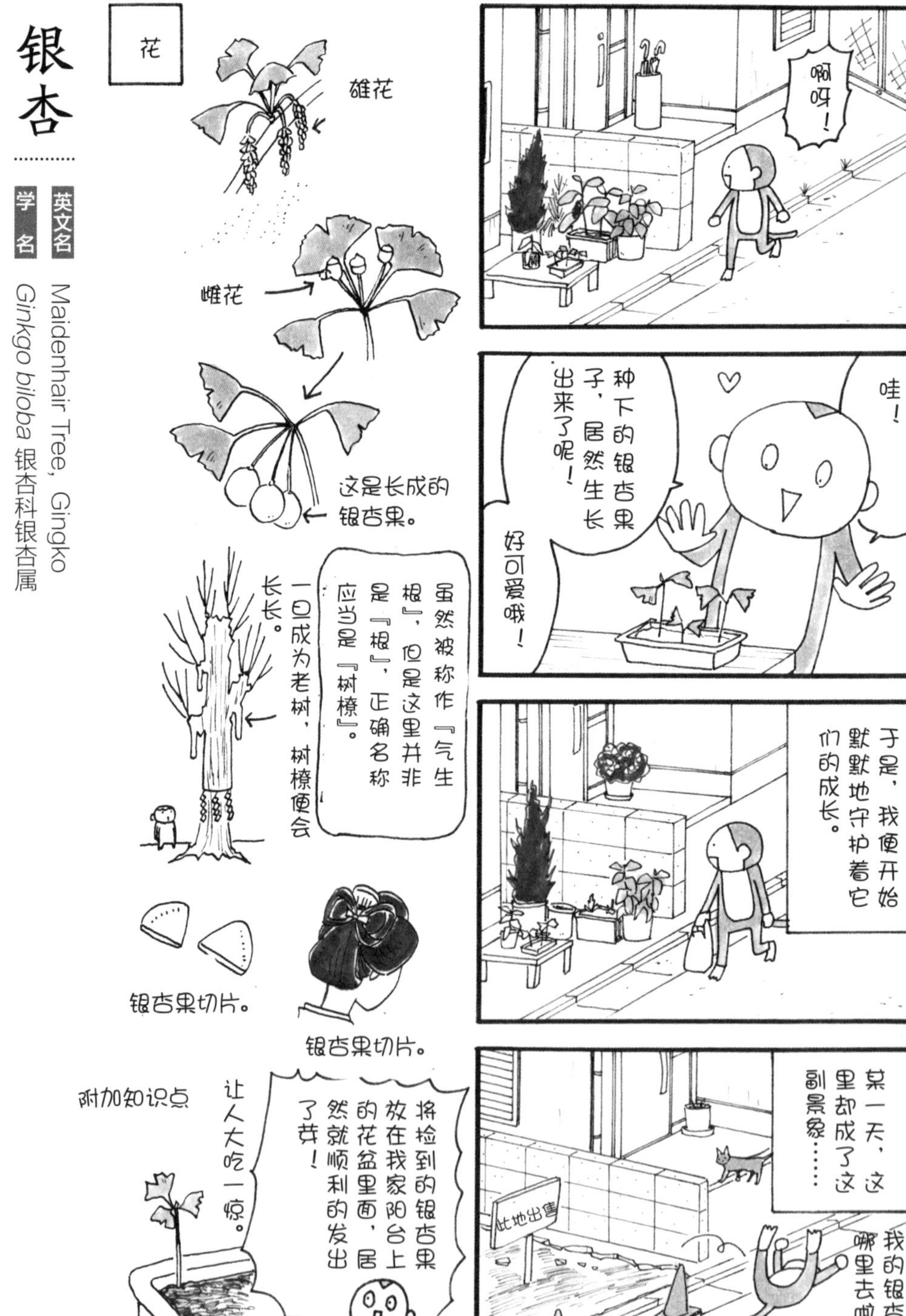

秋季时节的银杏叶呈明艳的黄色，是因为当中含有类胡萝卜素。

银杏树生长的树檫。

银杏果。

银杏，是银杏科银杏属的裸子植物，雌雄异株。它们会在春季开花，到了秋季，雌株的银杏树上便会结出果实。银杏也是原产自中国的落叶高乔木，在日本，自室町时代（1336 年—1573 年）起便有文献记录着对银杏的栽培历史。因为有些银杏树会长成巨型树木，所以会被评定为“天然纪念物”，也有许多神社、佛阁将银杏树奉为神树。在道路两边以及公园中，我们也经常能够看见银杏树的身影，但是因为银杏果的外皮散发着恶臭气味，所以现在都市中种植的银杏，会更多地选择雄株树木。而银杏果过量食用会导致中毒，所以是不可多食的。此外，银杏树的木材可以用作建材、家居、打地基以及制作棋盘等。

91 胡桃楸

英文名 Manchurian Walnut

学名 *Juglans mandshurica* 胡桃科胡桃属

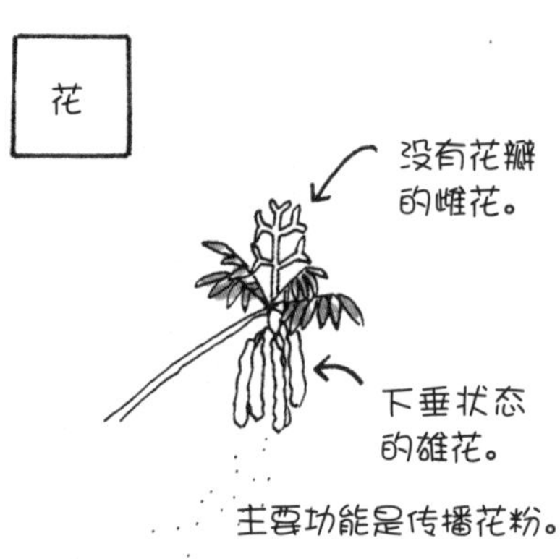

花

没有花瓣的雌花。

下垂状态的雄花。

主要功能是传播花粉。

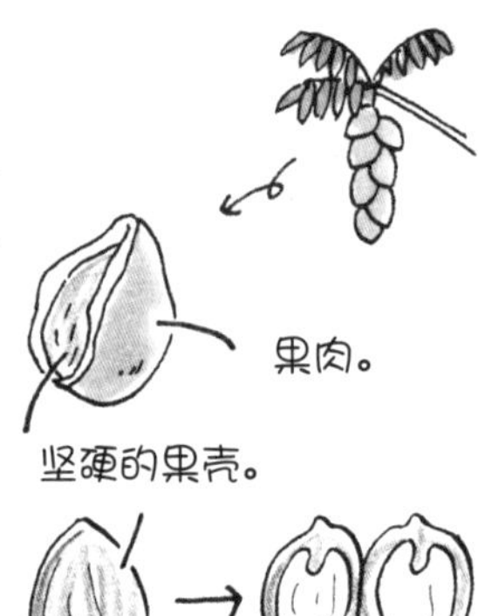

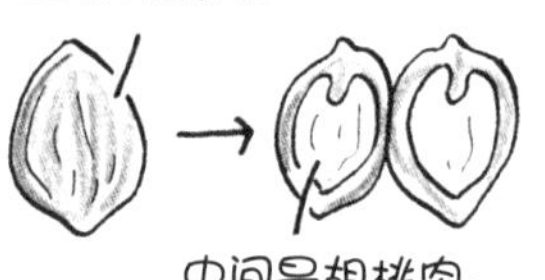

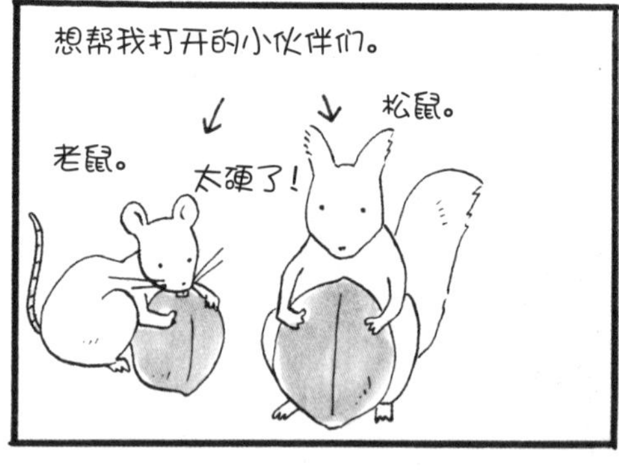

用途

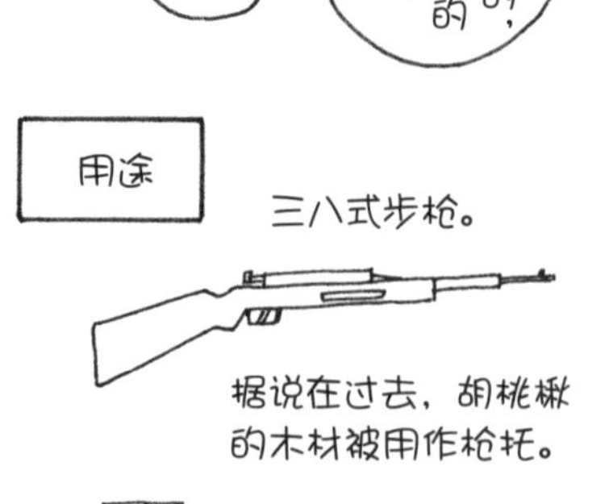

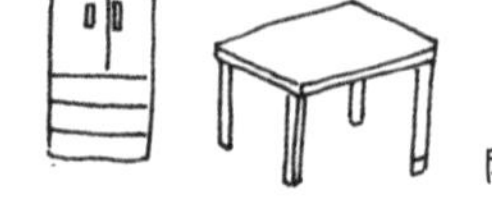

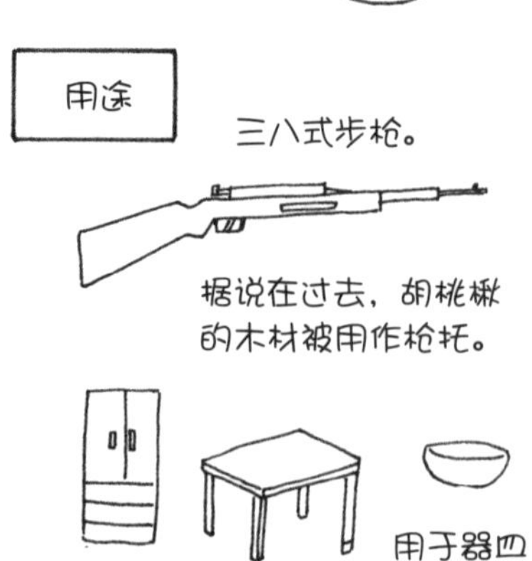

胡桃楸的果实。绿色的部分是果肉，在落地后腐烂，然后才会露出坚硬的果壳。

叶痕像是绵羊的小脸。

雄花的花序，是下垂的样子。

胡桃楸是胡桃科胡桃属的落叶高乔木，雌雄同株。在日本，从北海道到九州的山林间、谷地中、沼泽地旁、河畔上，都能够见到野生胡桃楸的踪影。它们在春季开花，长长的绿色的花穗是其中的雄花，雌花的特点是没有花瓣，而且柱头的形状难以描述，比较有趣。看到这种偏大的羽状复叶，并且有看上去奇怪的花的话，马上便可以明白，这是胡桃楸了。胡桃楸的果实，也是到了秋季才会成熟。

一般在市面上作为坚果销售的食用类胡桃楸，其实是西洋胡桃楸，又叫作美洲胡桃楸、波斯胡桃楸，它们的果壳比较薄、脆，便于敲开食用。而纯粹的胡桃楸，果壳像山石那般坚硬，想要敲开来，需要费一番功夫呢。据说，出土的绳纹时代的文物当中便有了胡桃楸的遗迹，因而有日本人自古便食用胡桃楸一说，但是，在那样遥远的古时候，人们是怎样打开它坚硬的果壳去食用它的呢？想想便会觉得十分有趣。在我们家附近的多摩河岸边上，便生长着许多野生的胡桃楸树，有时候我会想尝尝野生胡桃楸，但是一碰到绿色的胡桃楸皮，便会感觉黏黏腻腻的，手也变得黑兮兮的，果壳更是坚硬无比，便放弃了。究竟有没有什么剥开胡桃楸坚硬果壳的秘诀呢？

92 南天竹

英文名 Heavenly Bamboo

学名 *Nandina domestica* 小檗科南天竹属

南天竹会在6月左右的时候开出白色的花朵。

果实会在晚秋时节变成红色。

用来装饰新年也很不错呀。

如果南天竹的果实好吃的话，它们会一口气吃光它。

但是因为不怎么好吃，所以它可以陆陆续续地将种子传播出去，大概这是南天竹的传播策略吧。

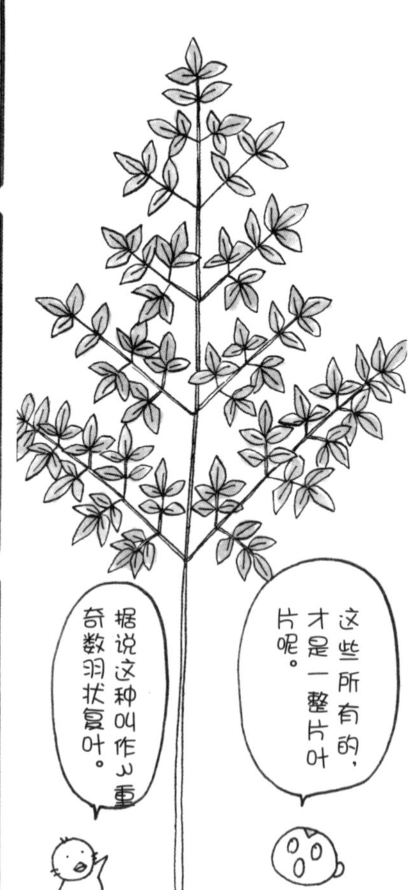

到了秋季，南天竹的果实会变成红色。虽然它是常绿乔木，但是叶子也会染上些许红色。

红色的果实色彩鲜艳，很容易引起鸟儿的注意。

叶子变成红色的南天竹。

南天竹是小檗科南天竹属的雌雄同株常绿低乔木。树高一般在 2~3 米，不会生长成很大一株。在初夏时节，南天竹会绽开白色的小花，到了晚秋时节，南天竹的果实则变成鲜艳的红色。南天竹是在日本的平安时代从中国引进的植物，现在在关东以南的地区多有野生生长。据说南天竹有“转运”的寓意，因此会被作为有好兆头的植物种植在门口或者墙垣处。

南天竹的果实在中药学里叫作天竺子，具有止咳的药效。而南天竹叶也具有药效，并且可用在料理当中。南天竹的木材可以用于制造筷子或者用于建筑材料。譬如金阁寺茶室“夕佳亭”的地板支柱和柴又帝释天大室殿的地板支柱，都是由南天竹木材制造的，颇有名气。

南天竹即便在日照条件不好的环境当中，也可以生长得很好，红叶的样子也十分美丽。到了秋季，正红色的果实娇艳欲滴的样子十分吸引鸟儿的注意，因此非常受鸟儿的欢迎。此外南天竹叶很适合盆栽，是我们十分推荐的盆栽植物呢。

93 柿子树

英文名 Oriental Persimmon

学名 *Diospyros kaki* 柿科柿属

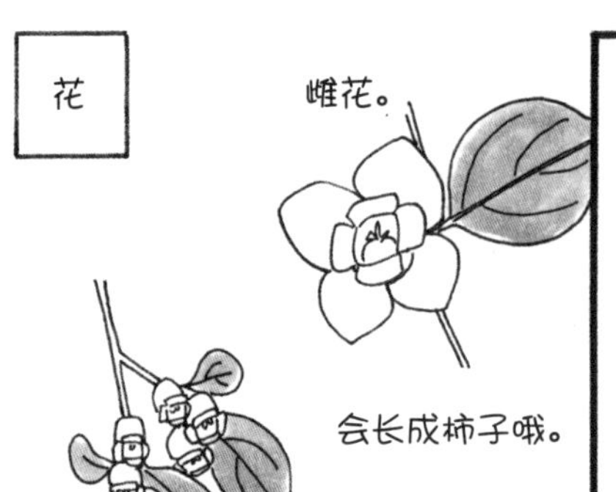

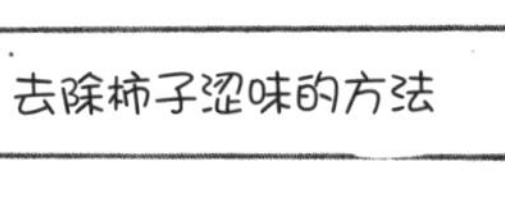

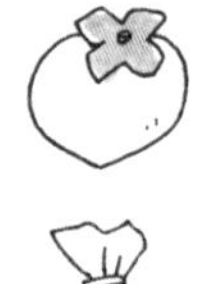

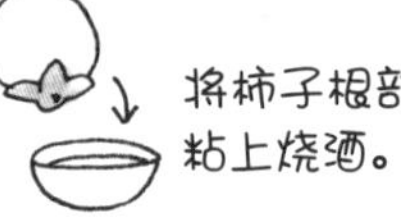

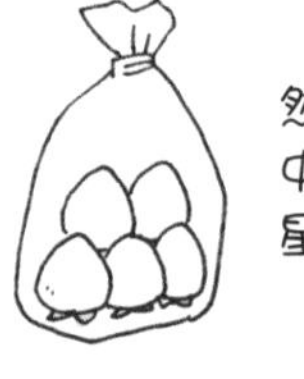

然后会渐渐长大。

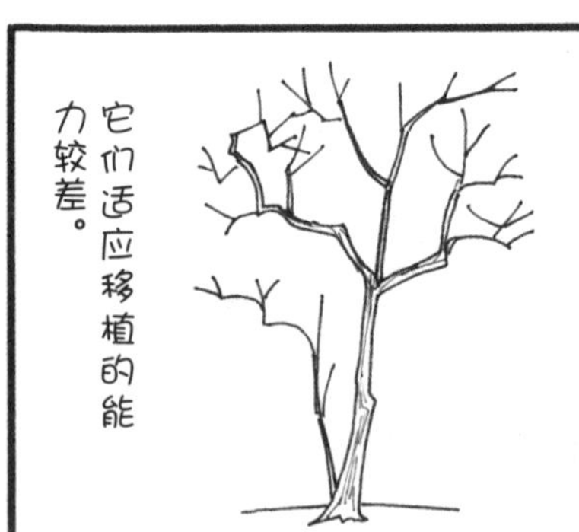

花福花店笔记

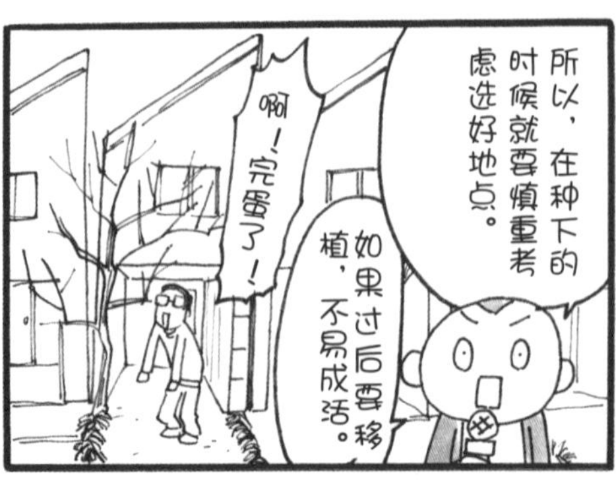

柿子树的雄花，呈淡淡的橘色和壶形，甚是可爱。

果实的颜色饱满，证明当中的种子也已经成熟了。

柿子树是柿科柿属的落叶高乔木，树高可达到 10 米左右。柿子树是雌雄同株的植物，每年 5 月左右会开花。柿子的果实在秋季成熟，配合红色的树叶，色彩鲜艳而漂亮。原产自中国的柿子树，据说是在奈良时代引进到日本的，但是也没有明确的文献记载，所以无法确定是否属实。现在在日本的本州地区以南都有野生生长的柿子树，也有专门栽培的果树品种。虽然在过去，柿子树很多是用于庭院栽培的，但是现在，住宅环境中却少见它们的踪影了。

虽然民谚有“桃李三年，柿子八年”（译者注：用来比喻“做任何事情都需要花一定的时间才能成功”），但是我们家附近有一株种了快 10 年的柿子树，依旧没有见到它结出果子。也不知道还需要多久才能吃到它结的果子呀。

94

连香树

英文名 Katsura

学名 *Cercidiphyllum japonicum* 连香树科连香树属

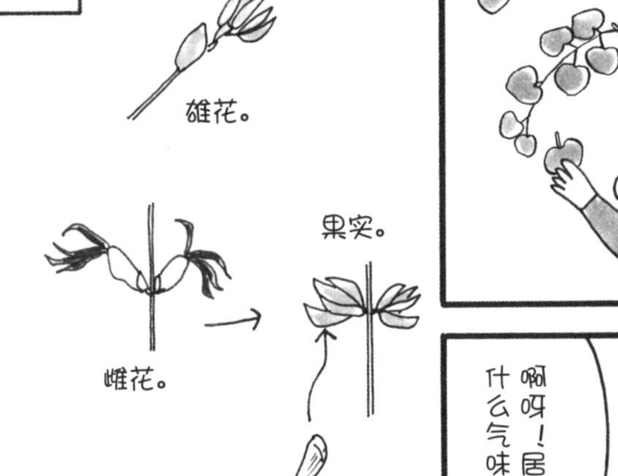

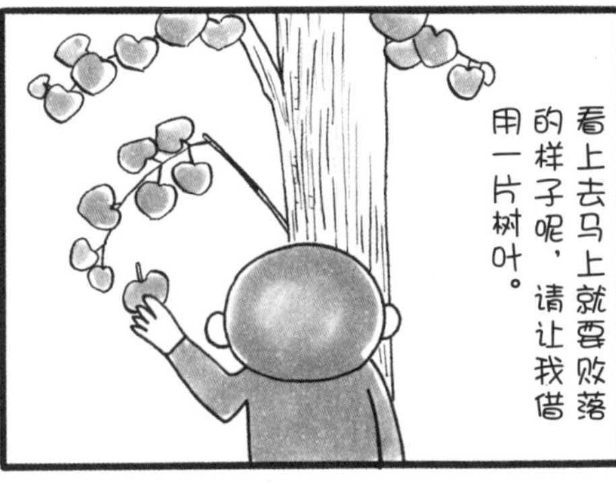

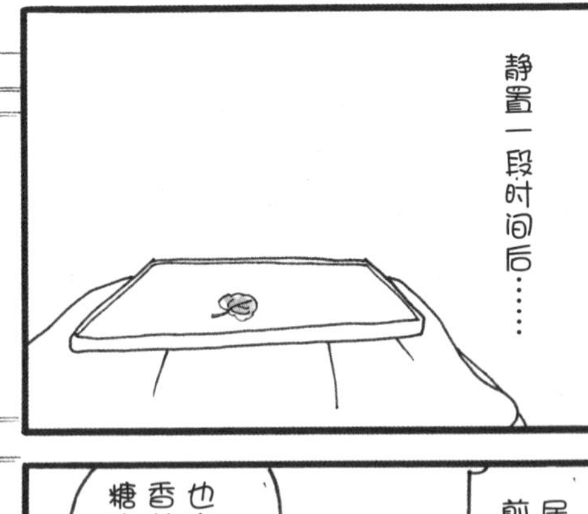

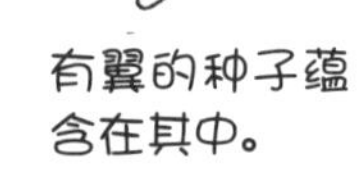

树龄短的连香树，呈三角锥的形状生长。随着岁月流逝，会变成一整株的样子。

干枯后的连香树树叶会散发出好闻的气味。

连香树具有粗壮树干的时候，便有挺拔生长的姿态。

在日本各地都有野生的连香树，是连香树科连香树属的落叶高乔木，树木高度可达 20 米以上，可以生长得非常巨大，因此在日本各地，都有被评为“天然纪念物”的巨型连香树。无论是在公园中、街道旁，都能见到连香树的身影，最近它们甚至会出现在公寓以及商业装饰的盆栽当中。连香树是雌雄异株的植物，春季先行开花的是雄株的雄花，而雌株的雌花则会稍晚些绽放。连香树的果实，像是小一些的毛豆那样，会在秋季时节成熟，当中蕴含生长着有翼的种子。连香树的树叶是心形的，到了秋季会变成红色，可爱又好看。更奇妙的是，当连香树的叶子，落下干枯后，会释放出甜美的香气，一定要闻闻看哦。连香树的木材也具有优秀的耐久性，所以非常适合用于建筑材料、家具、地基以及象棋的棋盘。

95 八角金盘

英文名 Fatsi, Japanese Aralia

学名 *Fatsia japonica* 五加科八角金盘属

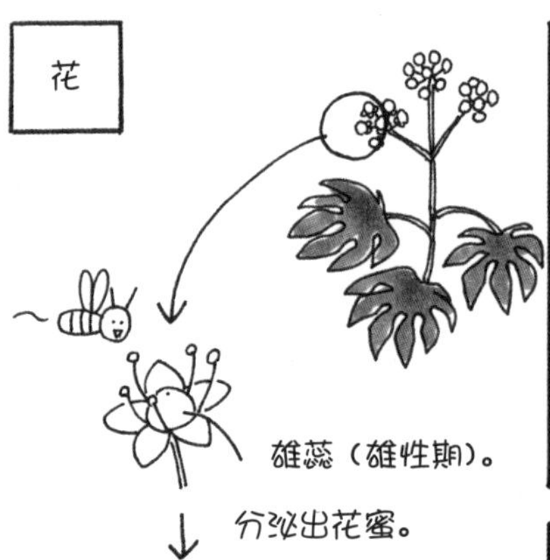

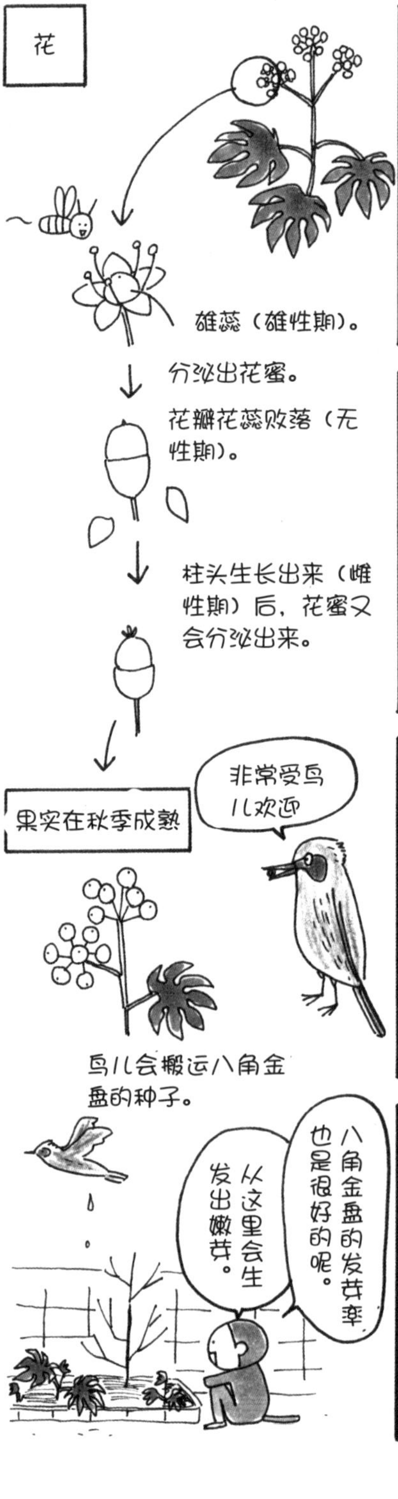

花

雄蕊（雄性期）。

分泌出花蜜。

花瓣花蕊败落（无性期）。

柱头生长出来（雌性期）后，花蜜又会分泌出来。

果实在秋季成熟

非常受鸟儿欢迎

鸟儿会搬运八角金盘的种子。

八角金盘的发芽率也是很好的呢。

从这里会生发出嫩芽。

1 2 3 4 5 6 7 8 9

八角金盘虽然号称八角，但是实际上叶子有九角呀，哥哥。

八角金盘的叶片要么分为七角要么分为九角的哦，弟弟。

据说，叫作八角金盘，是因为『八』表示数量之多；也有说法是『八是个吉利数字』，众说纷纭。

试着数数看吧，弟弟。

八角金盘，可是原产自日本的树木。

这是很久以前就存在的植物呢。

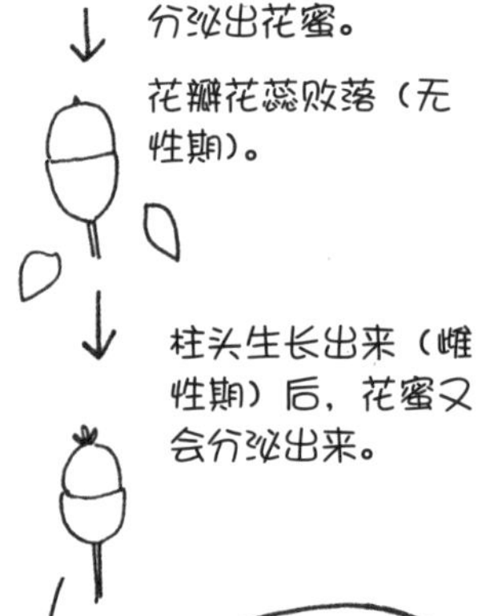

晚秋时节，茎部的尖端会生长出花序。呈球形的分散状花序集合在一起，形成圆锥状花序。

有九瓣的八角金盘叶子。

引人注意的雄蕊出现时的雄性期。

八角金盘是五加科八角金盘属的常绿低乔木。树高通常为 1~3 米，在日本的关东至冲绳地区都有野生生长的八角金盘，在庭院及公园中也有栽培。雌雄同株的八角金盘会在冬季开花，第二年的春季果实才会成熟，呈黑色状。鸟儿会帮助八角金盘传播种子，因此发芽率很好，即便是在城市里，也能够看见许多野生的八角金盘生长着。如果将八角金盘的叶子风干，那就成为了一种中药的原材料。八角金盘有一些比较时髦的品种，譬如长有斑纹的，是园艺品种当中比较受欢迎的类型，虽然市面上有售卖，但是数量比较稀少。而八角金盘在日照条件不好的环境中也可以很好地生长，能抵抗多种虫害，所以特别推荐在庭院中种植八角金盘。

96

柊树

英文名 Holly Osmanthus, Chinese Osmanthus

学名 *Osmanthus heterophyllus* 木犀科木犀属

在柊树还年幼的时候，为了守护果实，所以叶子长成满是刺的形状。每片叶子上大概有 3~5 对刺。

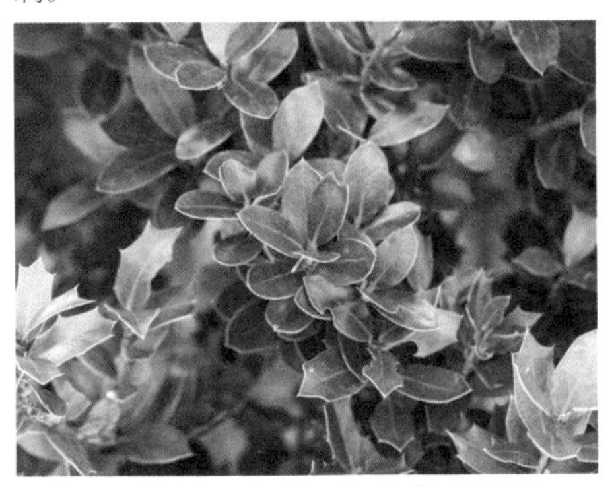
成熟后的柊树，叶子便成了圆润的样子。

柊树是木犀科木犀属的常绿灌木或小乔木，树高 2~6 米，雌雄异株，冬季时节会绽放白色的、香气宜人的小花朵。花的样子与木犀科的桂花蛮相似的。到了初夏时节，柊树的果实得以成熟，呈现偏黑色的状态。在过去，传说柊树叶子上的尖利部分可以驱赶厉鬼，所以在春分时节，人们会把沙丁鱼的头插在柊树的树枝上，作为节分的装饰，用来驱赶鬼邪。据说，生长有刺的树木是可以辟邪的，所以许多人家的玄关外种植着南天竹和柊树这样的植物。

盆栽类型的柊树会和长有红色果实的圣诞冬青同一时节上架。另有齿叶木犀，虽然长得与柊树比较相似，但是叶子会更加圆润一些，它们是柊树与桂花的杂交产物，在墙垣及街道两旁多有栽培。秋季时节，它们的白色小花也会绽放，但是因为属于杂交品种，所以并不会结出果实。

97

枇杷

英文名 Loquat

学名 *Eriobotrya japonica* 蔷薇科枇杷属

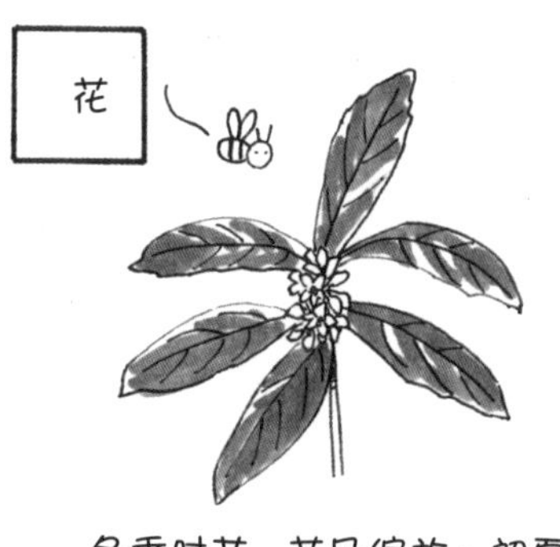

冬季时节，花朵绽放；初夏时节，果实成熟。

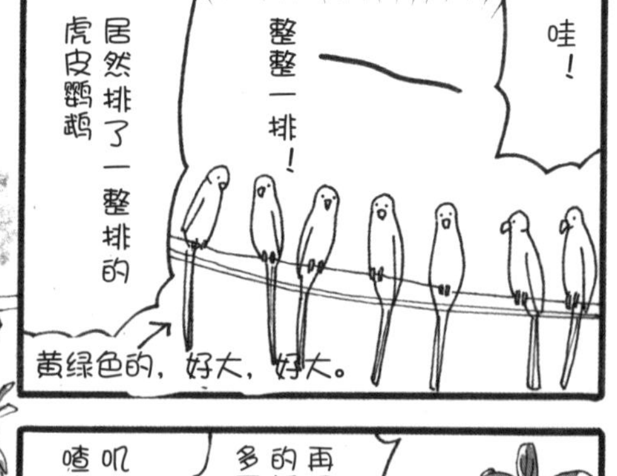

在花柄尖部生长着的花托，承载着花瓣与雌蕊，它比较肥大，是可食用的部分。

枇杷的花朵在冬季绽放，果实在初夏成熟。

冬季绽开的花朵，在招揽昆虫。

枇杷，是蔷薇科枇杷属的常绿小乔木，树木高3~8米。枇杷是雌雄同株的植物，冬季开花，夏季结果。通常，人们会将枇杷作为果树来种植、栽培，但是也不乏把它作为观赏类植物种植在庭院中的人家。枇杷是原产自中国的古老植物，据说很久很久以前便被引进到日本，无法明确具体的时期。据说是因为它的叶子形状与乐器琵琶相似而得名。枇杷在日本的九州和四国等比较温暖的地方多有栽培，但是枇杷在东京都内，也是可以越冬的。枇杷的树叶可以作为茶饮和中药材料，果实可以食用，木材可以用来做手杖、刀柄等。虽然在苗木市场上很少见到枇杷，但是其实它们是很好栽培的植物。只是，因为枇杷的生长速度实在是太快了，会在短时间内生长得又高又大，因此建议最初便考虑周全要在什么地方栽培它。

98 朱砂根 草珊瑚

学名 *Ardisia crenata* 紫金牛科紫金牛属

学名 *Sarcandra glabra* 金粟兰科草珊瑚属

英文名 Hen's-eyes, Christmas Berry

英文名 Chloranthus, Glabrous Sarcandra Herb

夏季的时候，朱砂根的果实是质朴的绿色，但是天气越冷，它的果实颜色也越发娇艳起来。

草珊瑚是在茎部的尖部开出花朵来。

草珊瑚，是金粟兰科草珊瑚属的植物；朱砂根，则是紫金牛科紫金牛属的植物。无论哪一种，都是常绿灌木，树木高约 1 米，皆是雌雄同株，都是初夏开花，冬季结果，果实是小小的，红色成串的样子。无论是切花形式还是盆栽形式，都是日本新年时节最常用的花材。这两种植物具体的区别方式，可以参照上一页的漫画。这两种植物，都在从关东南部到冲绳地区有野生生长的类型，适宜用作庭院植物或者是园艺类植物，所以也有许多人工养殖的类型。而且，它们都是喜阴植物，喜欢在其他树木下方生长。

在我的印象中，自己年幼时并没有接触过草珊瑚的经历，也与母亲确认过，据说在我小时候（20 世纪 70 年代），我们家的附近并没有草珊瑚这种植物。可能是因为那个年代的气候比较寒冷，草珊瑚在我们家附近那样的地方无法越冬生存吧。这些年来，冬季变得越来越暖和，草珊瑚也相应地可以在东京越冬了。

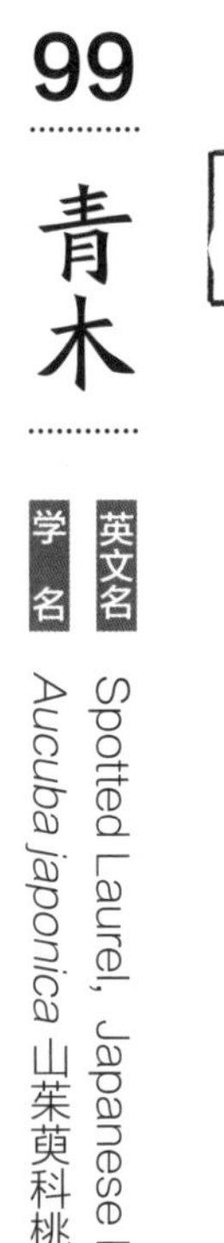

花

春天静悄悄的绽放。

雌花

雄花

冬季，果实会变成鲜艳的红色哦。

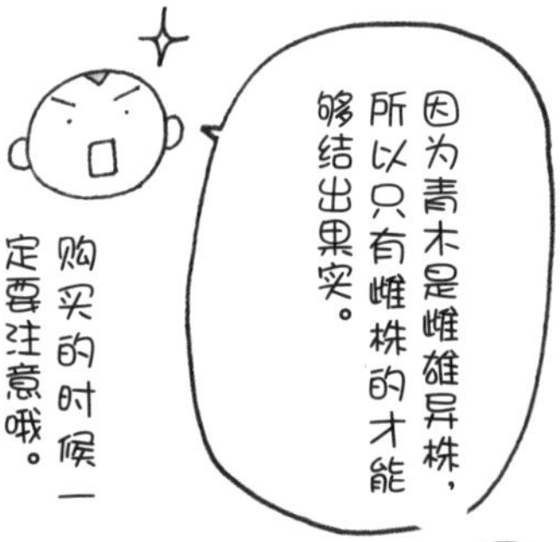

因为青木是雌雄异株，所以只有雌株的才能够结出果实。

购买的时候一定要注意哦。

店长提示

我们店里偶尔会进一些盆栽的青木。

也有生长着斑点的品种。

它们在日照不好的环境中也能够很好地生长，所以是我们非常推荐的植物。只是现在看来，还不怎么有人气呢。

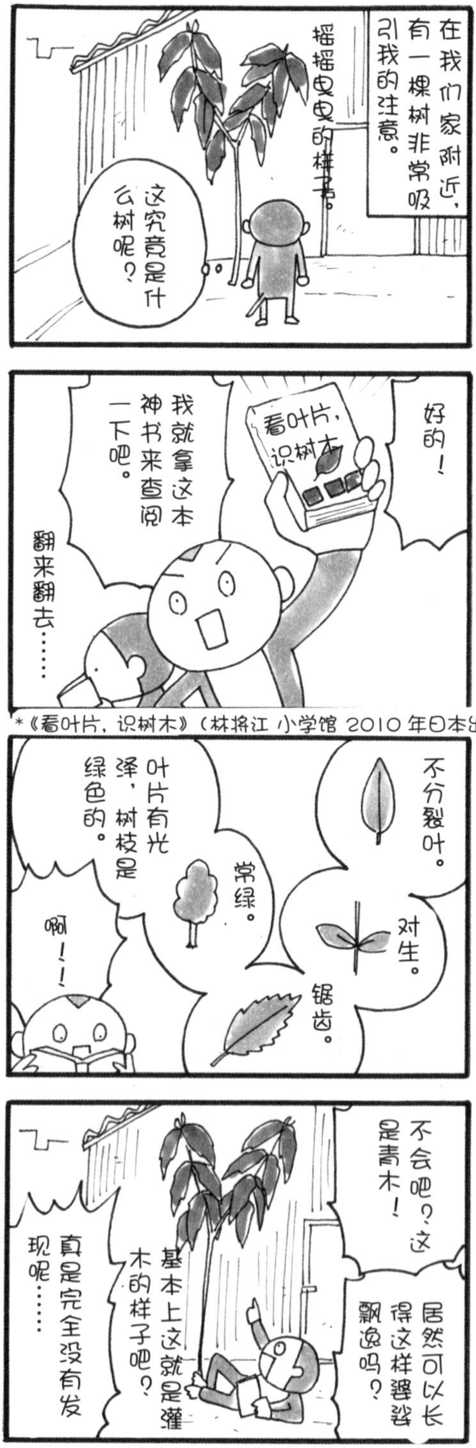

在我们家附近，有一棵树非常吸引我的注意。

摇摇曳曳的样子。

这究竟是什么树呢？

好的！

看叶片，识树木

我就拿这本神书来查阅一下吧。

翻来翻去……

*《看叶片，识树木》（林将江 小学馆 2010年日本出版）。

不分裂叶。

对生。

锯齿。

常绿。

叶片有光泽，树枝是绿色的。

啊！！

不会吧？这是青木！

居然可以长得这样婆娑飘逸吗？

基本上这就是灌木的样子吧？

真是完全没有发现呢……

不会结果的雄株青木，花朵会在 3 月 ~5 月绽放。

这是常绿的叶片，很有光泽感。

青木是山茱萸科桃叶珊瑚属的植物，又叫作桃叶珊瑚、东瀛珊瑚，是常绿灌木，雌雄异株，树高一般会在 3 米左右。从日本的东北地区到冲绳地区，无论是森林中还是低山环境中，都有野生的青木生长着。当然，青木也是很好的庭院树木，会被种植于庭院之中、墙垣内外以及公园里面。青木无论是叶子还是树枝都是绿色的，所以在日文中，青木的名字写作“青木”。而青木的叶子具有消炎的功效，所以是广为使用的民间药物。它们的花朵会在春季绽放，到了秋季，则结出红色的可爱果实。但是因为只有雌株的青木才能够结果，所以购买前一定要注意哦。如果想要的是可以结出俏丽果实的雌株，那么可以根据花朵的样子来判断究竟是雄株还是雌株。

青木也有不同的园艺品种，其中有不少是具有斑纹的类型，它们即便是在阳光不充足的环境中，也可以生长得很旺盛，所以是我们非常推荐的植物。

100

山茶

英文名 Common Camellia

学名 *Camellia spp.* 山茶科山茶属

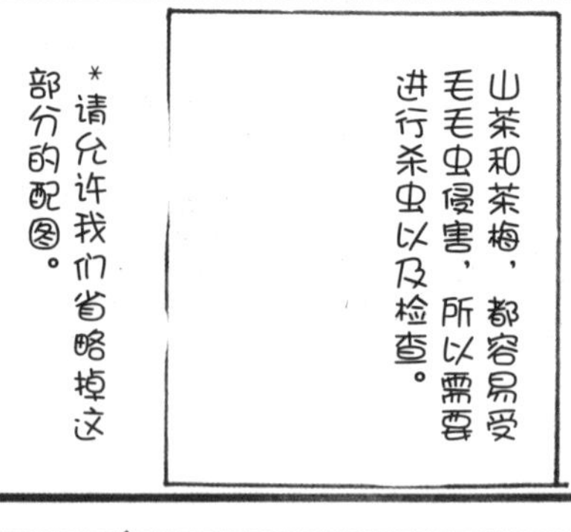

	山茶	茶梅
叶子	尖尖的形状	有一点点凹陷进去
花朵	一整朵败落掉	散开败落（也有例外情况）
果实	中间有种子	外表生有毛毛
功能	山茶花油	

山茶和茶梅，都容易受毛毛虫侵害，所以需要进行杀虫以及检查。

*请允许我们省略掉这部分的配图。

山茶花的花朵，在败落时会一整朵落掉，而后会结出果实。

茶梅的花朵，则是以花瓣形式飘落。

这是茶梅的花朵，和山茶花确实长得很像。

透过阳光来观察叶子，茶梅的叶脉会显得更加绿（见左图）。叶脉比较明亮，看得见叶脉的才是山茶花（见右图）。只是茶梅和山茶花的杂交品种，就比较难辨别了。

山茶是对山茶科山茶属的常绿小乔木或者小灌木的总称。山茶是雌雄同株，花期据品种不同，有的是从冬季到春季，有的是从春季开始开花。日本绳文时代出土的文物当中就见到过山茶的踪影，所以可以考证这是远古时代便有的植物。在江户时代，山茶经过品种改良后更加受欢迎。山茶的种子可以用来榨取山茶油，木材可以制作工艺品、印章、象棋的棋子，木灰甚至都能够用作染剂，总之是用途极其丰富的植物。

因为无论是山茶还是茶梅，都具有很多的品种，想要一一辨明是十分具有难度的，但是大体的辨别方式，可以参照上一页的漫画中介绍的方法进行。另外一定要当心它们上面的毛毛虫哦。特别是在春季与秋季的时候，务必多加检查！

《身边的自然课——认识常见的100种植物》能够诞生，真的是托福于太多人的帮助。

在此，特别再度向提供过帮助的大家，以及可爱的读者们，表示诚挚的感谢。